中国斑兰叶

———— 欧阳欢　张小燕　苟亚峰　主编 ————

中国农业科学技术出版社

图书在版编目(CIP)数据

中国斑兰叶 / 欧阳欢,张小燕,苟亚峰主编. --
北京:中国农业科学技术出版社,2024.11. -- ISBN
978-7-5116-7225-4

Ⅰ.S573

中国国家版本馆CIP数据核字第2024HM7375号

责任编辑　姚　欢
责任校对　王　彦
责任印制　姜义伟　王思文

出 版 者	中国农业科学技术出版社
	北京市中关村南大街12号　　邮编:100081
电　　话	(010)82106631(编辑室)　(010)82106624(发行部)
	(010)82109709(读者服务部)
网　　址	https://castp.caas.cn
经 销 者	各地新华书店
印 刷 者	中煤(北京)印务有限公司
开　　本	185 mm×260 mm　1/16
印　　张	10.375
字　　数	250千字
版　　次	2024年11月第1版　2024年11月第1次印刷
定　　价	98.00元

◄◄◄ 版权所有·侵权必究 ►►►

《中国斑兰叶》
编 委 会

主　　编：欧阳欢　张小燕　苟亚峰
副 主 编：徐志军　曾玖玲　苏　宁　张优云
参编人员（以姓氏笔画排序）：

王　辉　　王秀全　　邓文明　　邓福明　　吉训志
朱红英　　李学铸　　李裕展　　吴哉和　　吴洁茹
余树华　　初　众　　张华林　　张雪娇　　陈秀龙
陈新荣　　陈影霞　　林　伟　　欧阳诚　　欧阳靖
罗　萍　　鱼　欢　　郑　勇　　郑何美　　宗　迎
贺书珍　　莫淑敏　　顾晓川　　唐文刚　　彭素娜
鲁玉侠　　蔡海滨　　廖子荣

内容摘要

　　斑兰叶是一种多年生热带草本芳香植物,素有"东方香草"之美誉,其经济价值高,市场应用前景广,是热带林下和光伏下复合栽培的优势作物。本书基于乡村振兴战略和健康中国战略的大背景,介绍了斑兰叶的起源与分布、种类与特性、功效与作用、市场应用,分析了我国斑兰叶产业现状、科技进展、产业展望等内容,重点科学普及斑兰叶种苗繁育、栽培种植、病虫害防治、产品加工等全产业链技术,以期打开"东方香草"——斑兰叶的大门,帮助读者科学了解我国斑兰叶的前世、今生和未来,掌握斑兰叶领域的应用与创新,践行"强富美+大农业+大食物+大健康"理念,推动我国热带新兴作物斑兰叶产业高质量发展。

PREFACE 前言

斑兰叶，学名香露兜（*Pandanus amaryllifolius* Roxb.），又名斑斓叶、香兰叶、板兰兰、碧血树，为露兜树科露兜树属多年生热带草本芳香植物，是露兜树科中唯一叶片具有芳香气味的品种。斑兰叶主要栽种于东南亚及印度地区，因其天然散发一种类似粽子的香味，常被用于添加到蛋糕、饮品及菜肴中，以此提升食品风味，成为百姓日常生活的必备品，具有悠久的食用历史文化，被誉为"东方香草"，在食品、医疗、保健等方面有广阔的发展前景。我国最早于20世纪50年代从印度尼西亚引进，主要分布在海南、广东、广西等地。

2016年10月，中共中央、国务院印发了《"健康中国2030"规划纲要》；2018年9月，中共中央、国务院印发了《乡村振兴战略规划（2018—2022年）》。在乡村振兴战略和健康中国战略大背景下，绿色农业、功能农业、健康农业迎来了黄金发展期。"强富美+大农业+大食物+大健康"是乡村全面振兴的标志，大力发展特色高效农业、林下经济和光伏农业，实现高质量绿色健康发展，成为新时代农业发展的新理念、新方向、新使命。

发展林下经济和光伏农业，是构建多元化食物供给体系的重要组成部分。海南、广西、广东、云南等热区省份根据自身区域特色，出台了关于发展林下经济、光伏农业等的指导意见和政策，促进了热带林下经济和光伏农业快速发展。发展林下经济是促进经济林产业高质量发展行之有效的破解之道，发展光伏农业是有效解决能源短缺和农业低效的经营模式。寻找低投入、易种植、高效益的林下和光伏下间作的特色作物，是解决经济林下经济和光伏农业发展难题的重点路径。斑兰叶耐荫蔽，属半光照植物，是林下和光伏下间作的优势经济作物，尤其适合天然橡胶、椰子、槟榔、油茶、果树等特色经济林下间作。多年研究证明，斑兰叶具有好育苗、好种植、好管理、好采收、好加工、好前景"六好"特点，经济价值高，一次种植可多年受益。

发展斑兰叶产业是深入贯彻落实乡村振兴战略、健康中国战略重大决策部署的新兴产业，是践行"强富美+大农业+大食物+大健康"观，是壮大林下经济、发展光伏农业、推动热带地区特色作物产业结构调整，以及不断提高人们生活质量的重要路径。近年来，海南斑兰叶林下种植发展快速，已成为万宁、琼海、文昌、儋州、琼中、五指山等市县乡村振兴重要抓手，已发展成为海南新兴高效产业、绿色健康产业、特色致富产业和农业转型升级的"支点型"产业。广东湛江、阳江、江门、茂名等地也在逐步发展斑兰叶产业。但目前斑兰叶全产业链技术创新体系不够完善，市场生产准入获批困难等诸多瓶颈问题，亟须强化政府政策、科技研发、企业生产、行业服务等力量，促进科技+产业深度融合，共同解决行业发展难题，以拉动斑兰叶的种植效益和规模，支撑斑兰叶精深加工产业发展，以更好助力热带特色高效农业高质量发展，服务区域乡村振兴，辐射全国烘焙、饮食、香精香料行业。

本书基于乡村振兴战略和健康中国的大背景，介绍了斑兰叶的起源与分布、种类与特性、功效与作用、市场应用，分析了我国斑兰叶产业现状、科技进展、产业展望等内容，重点科学普及斑兰叶种苗繁育、高效种植、病虫害防治、产品加工等全产业链技术，以及林下间作斑兰叶、光伏下间作斑兰叶和斑兰叶单作种植模式，以期打开"东方香草"——斑兰叶的大门，帮助读者了解我国斑兰叶的前世、今生和未来，掌握斑兰叶领域的应用与创新，推动我国热带新兴作物斑兰叶产业高质量发展。

本书是在海口市重点科技计划项目"椰子林下间作斑兰叶技术研发及应用"（No.2023-020）、中央引导地方科技发展资金项目"海南省斑兰全产业科技创新体系建设"（No.ZY2021HN23）、广东省科技创新战略专项"斑兰叶种苗繁育及林下栽培技术示范及应用"（No.2022A05024）、中国热带农业科学院中央级公益性科研院所基本科研业务费专项"粤西斑兰叶高产栽培技术优化和试验示范"（No.1630102024009）等研究成果基础上完成的。

本书由海南热作高科技研究院有限公司和中国热带农业科学院湛江实验站联合编写，本书的选题、论证、资料收集过程参考了大量文献，得到了科研、种植、加工、市场等行业专家的不少建议，并得到中国热带农业科学院、中国热带农业科学院香料饮料研究所、中国热带农业科学院橡胶研究所、中国热带农业科学院海口实验站、海南兴科热带作物工程技术有限公司、海南联越食品科技有限公司、广州市名花香料有限公司等单位的支持和帮助。在此，谨向上述科技、生产单位及所有为本书提供资料、建议的同仁表示衷心感谢！书中难免存在疏漏和不足，恳请各位读者、同仁提出宝贵意见，待今后继续考证和修改补充。

编委会

2024年10月

CONTENTS 目 录

第一章　斑兰叶概述 ………………………………………………………… 1
　一、斑兰叶的起源及分布 ………………………………………………… 1
　二、斑兰叶的种类与特性 ………………………………………………… 6
　三、斑兰叶的功效与作用 ……………………………………………… 10

第二章　斑兰叶市场应用 ………………………………………………… 14
　一、食品与香饮料领域 ………………………………………………… 14
　二、日化品与化妆品领域 ……………………………………………… 22
　三、医药与保健品领域 ………………………………………………… 27
　四、园艺与园林领域 …………………………………………………… 28
　五、休闲与研学领域 …………………………………………………… 29

第三章　斑兰叶产业发展现状 …………………………………………… 31
　一、发展斑兰叶产业的意义 …………………………………………… 31
　二、国外斑兰叶产业发展现状 ………………………………………… 33
　三、中国斑兰叶产业发展现状 ………………………………………… 36

第四章　斑兰叶繁育与种植技术 ………………………………………… 49
　一、斑兰叶种苗繁育技术 ……………………………………………… 49
　二、林下间作斑兰叶模式 ……………………………………………… 56
　三、光伏下间作斑兰叶模式 …………………………………………… 71
　四、斑兰叶单作种植模式 ……………………………………………… 77
　五、斑兰叶水肥一体化技术 …………………………………………… 83

六、斑兰叶病虫害防治技术·· 89

第五章　斑兰叶采收与加工技术
　　一、斑兰叶鲜叶采收技术·· 97
　　二、斑兰叶干叶加工技术·· 100
　　三、斑兰叶汁加工技术··· 103
　　四、斑兰叶粉加工技术··· 107
　　五、斑兰叶提取物生产技术·· 114
　　六、斑兰叶产品检测技术·· 116

第六章　中国斑兰叶产业发展趋势
　　一、斑兰叶产业发展分析·· 121
　　二、斑兰叶产业发展思路·· 127
　　三、斑兰叶产业发展对策·· 130

附录一　斑兰叶产业发展媒体报道·· 134

附录二　现行斑兰叶标准·· 154

第一章 斑兰叶概述

斑兰叶，学名香露兜（*Pandanus amaryllifolius* Roxb.），是原产于东南亚的多年生热带草本芳香植物，其物种在1992年出版的《中国植物志·第八卷》的23页有记载。本章重点介绍斑兰叶的物种起源及分布，简述斑兰叶种类、生物学特性和文化传播，以及斑兰叶功效与作用，为中国发展斑兰叶产业提供基本植物学和历史文化信息。

一、斑兰叶的起源及分布

（一）斑兰叶物种起源及传播

斑兰叶又名斑斓叶、香兰叶、板兰叶、碧血树，为露兜树科露兜树属多年生热带草本芳香植物（图1-1）。露兜树科共有6属约700余种，广泛分布在东半球热带地区，中国有2属共12种，均分布在南方各地，斑兰叶是露兜树科中唯一叶片具有芳香气味的植物，被誉为"东方香草"，具有很高的经济应用价值，是南亚及东南亚国家百姓日常生活的必备品。

1. 斑兰叶物种起源

斑兰叶起源于印度尼西亚东北部的马鲁古群岛，在新加坡、印度尼西亚、马来西亚、泰国、斯里兰卡等南亚及东南亚国家广泛传播。其露兜树的属名，是源于印度尼西业露兜树的名称。在欧洲许多国家，露兜树属植物的普通名称

图1-1 斑兰叶

在不同的起源国家中相似，如Pandanus（法语）、Pandanusz（匈牙利语）和Pandano（意大利语、葡萄牙语和西班牙语）。亚洲国家则对露兜树科植物的不同地区的名称清楚地表明了它们的身份，如Pandan Wangi（马来西亚）、Daun Pandan（印度尼西亚）、Bai Toey或Toey Hom（泰国）、Tey Hom（老挝）、Dua Thom（越南）和Ban Lan Ye（中国）。在印度和斯里兰卡，这种植物被命名为Rampe（辛格语和印地语）。

2. 斑兰叶文化传播

由于斑兰叶在亚洲具有重要的经济和文化价值，人们对其进行了长期的栽培和利用，并促进在其他地区的引种和传播。马来西亚的娘惹（Nyonya，指华侨与当地土著生下的女性后裔）喜欢把这种植物加入食物里，因为它有一种十分独特的天然芳香味，能让食物增添清新、香甜的味道。后来慢慢地演变到以新鲜椰汁混合斑兰叶来制作各种糕点食物，浓浓的椰浆味配上清香的斑兰叶，那种味道真的是笔墨难以形容，让人不禁食指大动。而在蛋糕、面包、杂粮小吃等产品中加入斑兰叶汁，也会吃起来更爽口、更香甜、更美味！

斑兰叶被称为"东方香草"，主要是因为它的香气和味道与亚洲其他地区的传统香草相似，尤其是在东南亚料理中，斑兰叶被广泛使用，其独特的香气和风味使其成为重要的调味品。此外，斑兰叶还具有丰富的营养价值和多种健康益处，如增进食欲、改善新陈代谢等，这使得斑兰叶不仅在烹饪中有着广泛的应用，也在健康食品领域占有一席之地。因此，因其独特的风味和多重价值，斑兰叶被国际上誉为"东方香草"。

斑兰叶原产地是东南亚，但现在已经在全球范围内广泛分布。我国斑兰叶最早于20世纪50年代初由归国华侨从印度尼西亚引进海南儋州，在海南兴隆试种成功。斑兰叶具有较强的东方特色文化和饮食习俗印记。

①华侨文化象征。归国华侨将斑兰叶引种到中国海南，从此南洋风味的斑兰美食也加入了地道的海南饮食文化。斑兰叶不仅是美食的调味品，也是中国与东南亚文化交流的纽带，体现了地区文化的多元性和包容性。

②东方饮食习俗。在东南亚，斑兰叶常用于制作节日食品，如新加坡的"国糕"斑兰戚风蛋糕和马来西亚的娘惹菜。在海南，斑兰叶也成为端午节制作粽子等传统食品的原料之一。

③绿色健康理念。斑兰叶代表着绿色、健康、纯天然的理念，符合现代消费观念，市场对斑兰叶产品的需求逐年增加。

3. 斑兰叶馆藏标本

据馆藏标本资料显示，1953年、1961年我国植物学家在海南科学考察时，就已在万宁、海口等地采集到斑兰叶标本，并记录了斑兰叶相关栽培及其生长信息（图1-2、图1-3）。

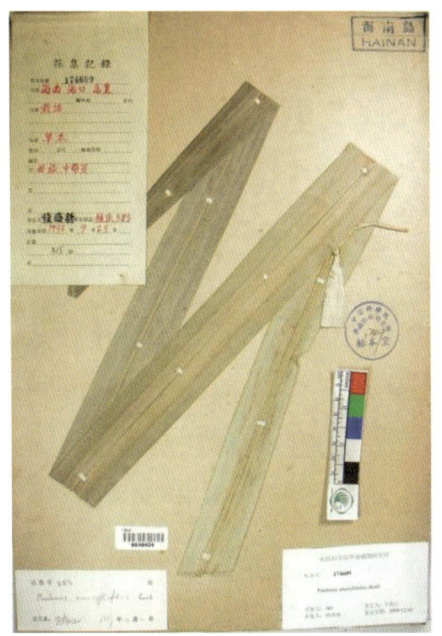
图1-2 钟济新1953年在海南采集的斑兰叶标本

图1-3 钟义1961年在海南采集的斑兰叶标本

（二）斑兰叶世界分布

1. 国外分布

斑兰叶因其独特的香味和风味，广受东南亚地区人们的欢迎，并逐渐在全球范围内被认识和使用。斑兰叶具有耐高温、喜湿等习性，多生长在低海拔的热带多雨地区，主要分布在泰国、马来西亚、新加坡、印度尼西亚、菲律宾、柬埔寨、斯里兰卡、印度等国家。

（1）东南亚（图1-4至图1-6）

泰国：斑兰叶有长期的栽培和利用，在甜点和饮品中常见。

马来西亚：斑兰叶有长期的栽培和利用，广泛用于制作传统甜品和菜肴。

新加坡：斑兰叶有长期的栽培和利用，广泛用于传统甜品和菜肴。

图1-4 马来西亚马六甲种植的斑兰叶

图1-5 新加坡植物园种植的斑兰叶

印度尼西亚：斑兰叶有长期的栽培和利用，用于各种地方特色菜肴。

菲律宾：斑兰叶有长期的栽培和利用，主要作为甜点和饮料的香料。

柬埔寨：斑兰叶有长期的栽培和利用，主要制作甜点和饮品。

（2）南亚

斯里兰卡：斑兰叶有长期的栽培和利用，用于烹饪，特别是在制作咖喱和甜点中。

图1-6 柬埔寨暹粒种植的斑兰叶

印度：斑兰叶有长期的栽培和利用，主要在南部地区使用，用于烹饪和制作甜品。

（3）其他地区

太平洋群岛：一些岛屿上有斑兰叶的种植和使用。

热带非洲：部分地区引入了斑兰叶。

2. 国内分布

中国种植斑兰叶的规模相对于东南亚等地还比较有限，在全球范围内所占比例相对较小。我国斑兰叶主要种植在海南、广东、云南、广西、福建、台湾等地（图1-7至图1-18）。

海南是我国斑兰叶种植起源地和优势产区，全省均有分布。广东相对适合种植的区域主要是湛江市等南部地区。

图1-7 海南万宁市兴隆热带植物园种植的斑兰叶

图1-8 海南琼中县中平镇种植的斑兰叶

图1-9　海南海口市红旗镇种植的斑兰叶

图1-11　海南文昌市重兴镇种植的斑兰叶

图1-10　海南儋州市宝岛新村种植的斑兰叶

图1-13　广东茂名市电白区岭门镇种植的斑兰叶

图1-12　广东湛江市徐闻县和安镇种植的斑兰叶

图1-14　广东湛江市麻章区湛江实验站种植的斑兰叶

图1-15 云南西双版纳种植的斑兰叶

图1-16 广西南宁市六怀山种植的斑兰叶

图1-17 福建漳州市种植的斑兰叶

图1-18 台湾高雄市凹仔底原生植物园种植的斑兰叶

二、斑兰叶的种类与特性

斑兰叶是一种热带芳香植物,在亚热带地区的自然环境中茂盛生长,与众多芳香植物一样,具有独特的芳香气味和丰富的遗传多样性。

（一）芳香植物概况

1. 芳香植物概念与分类

芳香植物是具有香气和可供提取芳香油的栽培植物和野生植物的总称。分属于唇形科、菊科、伞形科、十字花科、芸香科、姜科、豆科、鸢尾科、蔷薇科、露兜树科等。这些植物的原产地主要分布在以地中海沿岸为中心的欧洲诸国，其次在中亚、中国、印度、南美等地区也多有分布。

芳香植物的芳香物质可能存在于其根、茎、叶或花、果实、种子等器官中，由腺体分泌。有些植物体内的芳香物质仅存在于其某一器官，而有的植物则几种器官甚至所有器官都有。芳香物质多数为游离状态，少数与糖结合成苷类。芳香植物根据其可利用部分分为香花植物、香果植物、香木植物和香草植物。

（1）香花植物

香花植物指花朵具有香味的芳香植物，如栀子、米兰、兰花、桂花、牡丹、芍药、月季、含笑、水仙、丁香、玉簪、紫藤、九里香、茉莉、小苍兰、玫瑰、瑞香、结香、蜡梅等。在香花植物的应用会依据其观赏季节的不同、搭配其他植物种植等方式来延长景观的观赏时间。多数香花植物还可以制作成精油应用于芳香疗法。

（2）香果植物

香果植物指果实具有芳香气味的植物，如芒果、柚、橙、金橘、佛手、葡萄、柠檬等。大部分香果植物都是可食用的，在吃的过程中它们散发出的香味能够改善人们的情绪。

（3）香木植物

香木植物指木材能发出木本芳香的植物，如月桂、檀香、香樟、楠木等。香木植物的木材还可以做成具有特殊香味的家具。

（4）香草植物

香草植物指全株或地上部具有芳香气味的草本类植物，如香蜂花、鼠尾草、薰衣草、罗勒、迷迭香、紫苏、薄荷、留兰香、马鞭草、牛至、香芹、斑兰叶等。一些香草植物可以做蔬菜和调味料，如紫苏、罗勒；还有一些能够入药、制作成食品等，如菊花。

2. 芳香植物发展概况

在古代，中国、埃及、美索不达米亚、希腊、罗马的人们早已知道利用芳香植物，但当时都限于利用植物本身。13世纪，开始用蒸馏法从植物中提取芳香油的尝试。16世纪，欧洲人成功从芳香植物中提取精油，如松节油、迷迭香油、穗薰衣草油等。19世纪以来，芳香植物的发掘和利用随着科学技术的发展而迅速扩大。迄今，全世界已发现芳香植物近100个科200个属1 500多种，大多分布在热带和亚热带地区。

中国对芳香植物的利用，早在《诗经》《楚辞》《尔雅》和先秦诸子著作中就已有所反映。战国时代已用芳香植物蒸肉、掺饭食和浸酒，以增进菜肴、主食、酒浆的香味。明代李时珍《本草纲目》列有芳香类56种，此外还有很多芳香植物分别收录于该书的蔬部、果部和木部中。至20世纪80年代初，中国已发现芳香植物350多种，正式用于生产香料的约100种。芳香植物分布地区几遍全国，其中有些省区已成为重要芳香植物的栽培基地，其中有江苏、安徽的薄荷、留兰香，广东的茉莉、岩兰草、香茅，广西的桂花、八角、肉桂，福建的白兰花、金合欢，新疆的薰衣草，陕西的香紫苏，云南的依兰香，四川的柠檬，浙江的代代花、墨红月季，山东的玫瑰，贵州的香柏、桂花，湖南的山苍子等。

国内外对芳香植物的需求量较大，但其产量相对较低，满足不了市场的需求。以薰衣草为例，目前国际市场年需要量为3 000吨，而世界范围内的总年产量为2 000吨，供需的缺口较大。根据测算，全世界对芳香植物的需求以每年5%的速度增长，这就需要芳香植物的种植面积增长速度为每年21%。因此，芳香植物是具有广阔市场前景的经济作物。

（二）露兜树科植物种类

露兜树科包括藤露兜树属（*Freycinetia*）、露兜树属（*Pandanus*）、巨露兜树属（*Sararanga*）、矮露兜树属（*Benstonea*）、对柱露兜属（*Matellidendron*）、多头露兜属（*Souleyetia*）等。其中露兜树属有600～700种。

目前，我国露兜树科植物有藤露兜树属和露兜树属2属。其中露兜树属植物12种，分别为香露兜（斑兰叶）（*Pandanus amaryllifolius*）、露兜草（*P. austrosinensis*）、露兜树（*P. tectorius*）、红刺露兜（*P. utilis*）、小笠原露兜树（*P. boninensis*）、簕古子（*P. Jorceps*）、分叉露兜（*P. furcatus*）、小露兜（*P. gressittii*）、大叶露兜（*Pandanus sp.*）、斑叶禾叶露兜（*P. pygmaeus* 'Variegatus'）、银边露兜（*P. pygmaeus*）、金边露兜（*P. pygmacus* 'Golden Pygmy'），多散生于我国热带至南亚热带林中。

个别露兜树属植物具有较高的香料价值。如斑兰叶是一种传统的食用香料；大叶露兜也具有和香露兜类似的风味；露兜树鲜花中的白色苞片含有浓烈的玫瑰香味，是很好的兴奋剂和抗菌剂原料。

（三）斑兰叶生物学特性

1. 形态特征

（1）植物形态

斑兰叶是多年生草本植物，通常高度在1～2米。茎粗1～5厘米，茎上着生叶。叶片呈螺旋状向上生长，长剑形，长30～50厘米，宽约1.5厘米，通常呈绿色或浅绿色，叶缘锯齿状，叶尖刺稍密，叶背面顶端有微刺，花果未见（图1-19）。

（2）根系

斑兰叶具有发达的根系，能够在湿润的土壤中生长。斑兰叶的根分为地下根和气生根，有助于吸收水分和养分（图1-20）。

图1-19 斑兰叶叶片　　　　　图1-20 斑兰叶根系

2. 生长环境

斑兰叶喜欢温暖湿润的气候，适合生长在热带雨林、沼泽地和海岸地区，是典型热带雨林下的低层植物。它们通常生长在阳光充足但遮阴良好的环境中。

（1）地形条件

斑兰叶在平地、山坡地、丘陵地、低洼地等均可种植。在原产地，斑兰叶通常种植在热带低林区、热带草原、潮湿的海岸线地区以及房前屋后，以1～400米低海拔地区为比较理想的种植地。

（2）土壤条件

斑兰叶对土壤要求不是非常严格，在土壤容重0.8～2.0克/厘米^3、土壤含水量5%～60%的土壤条件下均可生长，理想种植土壤是土质疏松、土层深厚肥沃、保水力强、排水良好的轻质砂壤土，最适宜的种植土壤容重为1.6～2.0克/厘米^3、土壤含水量为15%～20%，pH值在5.5～7.5，可以耐轻度盐碱和酸性土壤，以pH值为6的土壤最为适宜。

（3）气候条件

气候是斑兰叶生长和分布的主要限制因素。目前，世界范围内斑兰叶主要分布在南纬20°与北纬20°之间，年平均温度在21℃以上的无霜地区均可种植，但以年平均温度25～28℃的地区最为适宜。温度过低，斑兰叶嫩叶会逐渐出现干枯症状，严重时整株干枯。

斑兰叶生长过程中需要充足的水分，以年降水量1 500～2 500毫米且分布均匀、土壤田间最大持水量30%～80%为宜。干旱会导致斑兰叶生长缓慢，主要表现为从下部老叶逐渐出现干枯甚至整株死亡。土壤田间最大持水量低于30%时，斑兰叶生长缓慢，应及时灌溉。高温干旱时，轻者叶片出现干枯，严重者整株干枯甚至死亡。

斑兰叶光饱和度低，适宜在一定荫蔽条件下生长，以荫蔽度30%～60%为宜。在适宜荫蔽条件下，斑兰叶光合作用强，长势好，香气成分含量高。在全光照条件下，斑兰叶光合作用减弱，生长受到抑制，生长缓慢，长势差，分蘖多。荫蔽度达到90%以上的过度荫蔽环境中，斑兰叶光合作用同样减弱，生长缓慢，分蘖少。

三、斑兰叶的功效与作用

（一）芳香植物功效与作用

1. 芳香植物功效

芳香植物的体内含有以下4种成分，这些成分既提高了芳香植物的利用价值，又拓宽了芳香植物的应用领域。

一是芳香成分。这是芳香植物最主要的特质，如芳樟醇、桉叶醇、柠檬醛、丁子香酚等。目前，国际上对芳香植物的综合利用并不强调将香气成分都提取出来，很多时候直接用植物整株，让人有置身于大自然的感觉。

二是药用成分。包括挥发性的精油成分和不挥发性的生物碱、单宁、类黄酮等成分，具有某些特殊的药用功效。目前日本及欧洲盛行的芳香疗法，就是利用这些药用成分治疗各种疾病。

三是营养成分。芳香植物中含有大量的营养元素、一些微量元素和维生素，可以用作蔬菜食用；由于它还有香味功能，还可加工成各种食品或调味料。

四是色素成分。芳香植物含有丰富的天然色素，可做天然染料，尤其适用于食品着色；这些天然色素能提高植物的观赏价值，还可作为园林园艺观赏植物。此外，大部分芳香植物还含有抗氧化物和抗菌成分。芳香植物正是由于拥有了这些成分，所以其除了可以作为香料植物使用外，还可作为药草、食品以及观赏植物，甚至可以作为天然防腐抗菌剂、抗氧化剂应用在食品和药品中。

2. 芳香植物用途

（1）香料和食品

芳香植物可提取各种香味的天然高档香精，广泛用于食品、卷烟、纺织、建材、皮革、酒类、糖果、牙膏、化妆品等行业，其经济效益显著。

（2）保健

芳香植物香气中的特殊成分能刺激人的呼吸中枢，从而促进人体吸收氧气，呼出二氧化碳，使大脑供氧充足，能长时间保持旺盛的精力，可用于加工保健香茶、香囊、香枕等。另外，花草树木茂盛之处，空气中的负氧离子特别丰富，它可以调节人体的神经系统，从而促进血液循环，增强人体免疫力和机体活力。

（3）入药治病

芳香植物香气中的药用成分被人体吸收时，有特殊的治病功效。米兰的香味有抗癌功能；白菊、艾叶和金银花的气味有明显的降压作用；松树放出的臭氧有抑制结核分枝杆菌的作用；香叶天竺葵有镇静作用，可以改善睡眠，治疗神经衰弱；桂花的香气能抗菌、消炎、止咳、平喘。

（4）净化环境

芳香植物不但通过光合作用吸收二氧化碳、放出氧气来净化空气，而且还具有吸收其他有害气体和灰尘、减噪、调节温湿度等作用，令环境清新洁净、幽雅宜人。如万寿菊等能吸收大气中的氟化物，米兰、栀子花等吸收二氧化硫，桂花、蜡梅等吸收汞蒸气，蜡梅、桂花、各种兰花等有较强的吸收烟尘的作用。

（二）斑兰叶的功效

1. 营养成分含量丰富

斑兰叶叶片含有丰富的蛋白质、维生素K、维生素C、生物碱、类胡萝卜素、矿物质、膳食纤维等营养成分（图1-21）。

（1）膳食纤维

膳食纤维被称为人体第七营养素。斑兰叶叶片含有膳食纤维达654.8克/千克，充足的膳食纤维摄入有助于降低人体患中风、结直肠癌、心血管疾病和二型糖尿病的风险，多摄入膳食纤维能够有效降低血糖、血脂，对于减重、预防肥胖有明显的效果。

图1-21 斑兰叶营养与挥发性成分

（2）维生素K

维生素K作为人和动物必需的脂溶性维生素，在日常膳食中起着不可或缺的作用。斑兰叶叶片中含有维生素K达9.8克/千克，不仅具有促进血液正常凝固、预防新生婴儿出血疾病的生理功能，还具有抑制癌症、预防血管钙化、参与骨骼代谢、抑制糖尿病性白内障、治疗急慢性肝炎、解痉止痛、缓解咳嗽、治疗小儿肺炎等生理功能。

（3）维生素C

维生素C又称抗坏血酸，是一种水溶性的维生素。斑兰叶叶片中含有维生素C达801.2毫克/千克，维生素C和脱氢维生素C形成了可逆的氧化还原系统，具有抗氧化、美白、促进胶原蛋白形成等功效。

2. 挥发性成分含量高

斑兰叶叶片挥发性成分主要包括2-乙酰基-1-吡咯啉（简称"2AP"）、角鲨烯、亚油酸、叶绿醇、β-谷甾醇、草蒿脑等活性成分。

（1）2AP

2AP是斑兰叶叶片的主要特征香气成分，2AP的含量是泰国香米的10倍以上，具有增强细胞活力、加快新陈代谢、提高人体免疫力、减缓压力、促进精神愉悦等作用，广泛应用于食品、医药、化妆品等行业。

（2）角鲨烯

角鲨烯是一种不饱和烃类化合物，被称为"天然供氧机"。斑兰叶含有的角鲨烯活性成分为21.03%，具有提高机体免疫力、抗肿瘤、抗衰老等多种生理功能，对缓解疲劳和肺心病、防治慢性支气管炎、改善心脏功能的作用显著。

（3）亚油酸

亚油酸是公认的人体内必需脂肪酸，有"血管清道夫"之称。斑兰叶含有的亚油酸为5.22%，具有降血脂作用，清除身体内的多余脂肪，能降低血压、减少血小板凝集和增强红细胞变形等能力。

（4）叶绿醇

叶绿醇是一种具有药理活性的化合物，是合成维生素K、维生素E的中间体。斑兰叶含有的叶绿醇为6.15%，具有抗炎、抗氧化、抗癌、护肝等多种功能。

（5）β-谷甾醇

β-谷甾醇是一种含有天然生物活性的甾体化合物。斑兰叶含有的β-谷甾醇为12.66%，具有抗菌、调节胆固醇、抗氧化、抗肿瘤、抗抑郁等功效。

（6）草蒿脑

草蒿脑是调制食用和日化香精的香料之一，是重要的生物活性物质。草蒿脑具有很强的抗抑郁、杀菌、退热、驱虫、止咳和健胃醒脑等功能。

（三）斑兰叶的作用

（1）食用

斑兰叶在烹饪中常用作调味品，赋予食物特殊的香味和口感。它们可以用于调制甜品、饮品、菜肴、主食和香料等，以增强身体健康。

（2）药用

斑兰叶作为传统草药应用于治疗消化问题、关节炎、糖尿病和皮肤病等。一些研究表明，斑兰叶富含抗氧化物质和抗炎成分，有助于健康。

（3）日用

斑兰叶含有角鲨烯、亚油酸等成分，具有保护皮肤，加快机体组织修复等功能，可用于化妆品、香气疗法中，如面膜、蒸汽浴、按摩和香薰等。

（4）其他

斑兰叶还被用于净化空气、园林装饰和庆典活动中，如盆景、香囊、编织花环、制作礼品和装饰桌面等。

第二章 斑兰叶市场应用

斑兰叶叶片散发天然的粽香和糯香香气,内含丰富的健康绿色营养元素,被广泛应用于烘焙食品、饮品、甜品、主食、菜肴等烹饪食品、食品香料与色素等食品与香饮料领域,香精、护肤品、护发品等化妆品领域,医药与保健品领域,园艺与园林领域,以及休闲与研学领域。斑兰叶的翠绿颜色和类似抹茶的应用场景,吸引越来越多的市场关注,为斑兰叶产业发展提供了良好的前景。

一、食品与香饮料领域

(一)烹饪食品

斑兰叶在东南亚烹饪中极为重要,用于增添香气和风味。它常被用于制作烘焙食品、甜品、饮品、主食,以及各种菜肴。

1. 烘焙食品

烘焙食品是以粮油、糖、蛋等为原料基础,添加适量辅料,并通过和面、成型、焙烤等工序制成的口味多样、营养丰富的食品,还能加工成花样繁多、风格各异的许多形式。

新鲜斑兰叶榨汁,过滤,将滤液与粮油、糖、蛋等原料混合,并通过和面、成型、焙烤等工序制成蛋糕、蛋挞、吐司、毛巾卷蛋糕等口味多样、营养丰富的烘焙食品,斑兰糕、斑兰卷、斑兰蛋挞等美食深受顾客喜爱。除了风靡的斑兰千层糕、斑兰蛋糕,还有斑兰麻薯、斑兰月饼等(图2-1至图2-10)。斑兰戚风蛋糕更是被誉为新加坡的

图2-1 斑兰千层糕

图2-2 斑兰蛋糕

"国宝级蛋糕"（图2-11），成为东南亚一带最时髦的伴手礼，进而风靡全球。斑兰叶深加工为斑兰粉、斑兰叶提取液等产品后，在烘焙食品中应用更为便利，斑兰叶的烘焙产品也更加丰富。

图2-3　斑兰千层蛋糕

图2-4　斑兰月饼

图2-5　斑兰曲奇

图2-6　斑兰卷

图2-7　斑兰吐司

图2-8　斑兰娘惹

图2-9　斑兰水晶球

图2-10　斑兰糍粑　　　图2-11　新加坡"国糕"斑兰戚风蛋糕

2. 饮品

饮品是指以饮用水、乳制品、甜味剂、水果、豆类、食用油等为原料，加入适量的香料、着色剂、稳定剂、乳化剂等，经过配料、杀菌、冷冻、包装等过程制成的产品。

新鲜斑兰叶可代茶泡水饮用，清甜爽口，也可以把斑兰叶应用于茶饮、咖啡等各类饮料中。例如，奈雪的茶推出的主打斑兰叶饮品、生椰斑兰拿铁、霸气牛油果生椰斑兰，在市场带起来自东南亚的斑兰风，受到消费者的喜爱，茶救星球的斑兰薄荷柠檬茶、生椰斑兰甘露等也广受消费者的好评（图2-12）。

图2-12　斑兰饮品

图2-12　斑兰饮品（续）

3. 甜品

中国食物中的甜食，花样之多，食法之讲究，在世界上，恐怕称得是数一数二的了。在中国每个地方却有不同的特色，除了糖果糕饼之外，还有各式各样的甜羹。

斑兰叶与椰浆、糯米粉或木薯淀粉等搭配可做成斑兰凉粉、斑兰清补凉、斑兰西米露、斑兰果冻、斑兰牛轧糖、斑兰雪花酥等甜品。其中斑兰果冻因其独特的香味和丰富的营养价值，成功地在形式多样的糖水中占有一席之地。此外，斑兰叶还可以应用于冰淇淋、雪糕、奶昔等产品中，斑兰叶的清香与奶香结合，口感顺滑、清爽不腻又强化营养（图2-13至图2-19）。

图2-13　斑兰甜品

图2-14 斑兰果冻

图2-15 斑兰豆花

图2-16 斑兰冰淇淋

图2-17 斑兰虎皮开心果爆浆

图2-18 斑兰西米冻

图2-19 斑兰双皮奶

4. 菜肴

配菜根据菜肴品种和各自的质量要求,把经过刀工处理后的两种或两种以上的主料和辅料适当搭配,使之成为一个完整的菜肴原料。配菜的恰当与否,直接关系到菜的色、香、味、形和营养价值,也决定着整桌菜肴是否协调。

新鲜斑兰叶可用于与肉类炖煮,或包裹排骨、鸡翅等肉类食物后再进行油炸或蒸制,可制作成斑兰排骨、斑兰叶海鲜饭等美味菜肴(图2-20至图2-23)。

图2-20　斑兰叶包鸡

图2-21　斑兰菜卷

图2-22　斑兰排骨

图2-23　斑兰叶海鲜饭

5. 主食

主食是指组成当地居民主要能量来源的食物。谷类和薯类是我国人民主要的能量来源，我们每一餐都离不开米饭、馒头、大饼、面条或者其他谷类、薯类制品。

新鲜斑兰叶榨汁，可加入米中蒸食，或与面粉等混合，可制作斑兰馒头、斑兰面条、斑兰面包、斑兰面饼、斑兰油条、斑兰发糕、斑兰粽子等，颜色翠绿，有着独特的天然糯米芳香（图2-24至图2-31）。

图2-24　斑兰馒头

图2-25　斑兰花卷

图2-26　斑兰油条

图2-27　斑兰面包

图2-28　斑兰粽子

图2-29　斑兰面条

图2-30　斑兰黄油面包

图2-31　斑兰脆皮煎饼

（二）食品香料与色素

1. 天然着色剂

着色剂又称食品色素，是以食品着色为主要目的，使食品赋予色泽和改善食品色泽的物质。目前，世界上常用的食品着色剂有60余种，我国允许使用的有46种，按其来源和性质分为食品合成着色剂和食品天然着色剂两类。随着人们对食品添加剂安全意识的提高，大力发展天然、营养、多功能的天然着色剂已成为着色剂的发展方向。天然着色剂主要是指由动物、植物组织中提取的色素,多为植物色素。

斑兰叶的汁液可以作为天然绿色着色剂,广泛用于糕点和甜品中,不仅提供颜色,还带来独特的芳香(图2-32、图2-33)。

图2-32　斑兰汁饮料

图2-33　斑兰酱

2. 天然食品香料

食品香料是指能够用于调配食品香料,并使食品增香的物质。它不但能够增进食欲,有利消化吸收,而且对增加食品的花色品种和提高食品质量具有很重要的作用。食品香料是一类特殊的食品添加剂,其品种多、用量小,大多存在于天然食品中。由于其本身强烈的香味和味道,在食品中的用量常受自我限量的控制。目前世界上所使用的食品香料品种近2 000种,我国已经批准使用的约1 300多种。食品香料按其来源和制造方法等的不同,通常分为天然香料、天然等同香料和人造香料三类。天然香料是用纯粹物理方法从天然芳香植物或动物原料中分离得到的物质。通常认为它们的安全性高。

斑兰叶提取物也被用于制作食品香料,添加到各种食品中以增强其风味(图2-34至图2-41)。

图2-34 斑斓（兰）叶粉

图2-35 斑兰拿铁、斑兰黑可

图2-36 斑兰茶

图2-37 斑兰青桔（橘）

图2-38 斑兰椰奶

图2-39 斑兰拿铁

图2-40 斑兰生椰拿铁

图2-41 斑兰可可

二、日化品与化妆品领域

日化品是指一类用于个人日常生活的化学品，包括洗发水、沐浴露、牙膏、洗面奶、护肤品等。化妆品是指以涂抹、喷洒或者其他类似方法，散布于人体表面的任何部位，如皮肤、毛发、指趾甲、唇齿等，以达到清洁、保养、美容、修饰和改变外观，或者修正人体气味，保持良好状态为目的的化学工业品或精细化工产品，包括香精、护肤品、护发品等。自2021年5月1日开始，《化妆品新原料注册备案资料管理规定》正式实施，化妆品原料备案工作进入快车道。新原料备案的大力推进有利于提升产业核心竞争力，也打破了被国际原料巨头"卡脖子"现状。近几年，化妆品原料成分安全问题是消费者的关注点之一，而被认为天然安全绿色的植物成分更是需求高涨，消费者对植物源化妆品的需求更加迫切。在中国市场中越来越多的化妆品中含有植物成分，植物源化妆品行业的占比也在不断上升。

（一）香精

1. 香水

香水是香精（料）的酒精溶液，主要含有香精（料）、酒精和水，具有一定的香气和香味，能被人们嗅觉或味觉感知。香水中的香来源于动物提炼物和植物提炼物。香水具有浓郁的香气，主要作用是喷洒于衣襟、手帕及发际等部位，散发怡人的香气，是重要的化妆品之一，达到令人喜爱、精神愉悦和丰富美化人们的物质文化、生活的目的；香水能够提高品位，增强自信，从而在一些重要的公众场合能够更加优雅得体，达到事半功倍的效果；某些香型有镇静的作用，比如在睡觉前将玫瑰、茉莉香水涂在脚上、手腕上或耳根后，能使人入梦更甜蜜；另外，香水可以缓解人们的紧张情绪，起到减压的作用，好闻的味道可以给人愉快的心情，起到安抚精神的作用。

由于其清新独特的香气，斑兰叶被提取制成香精，应用于香水产品中，为这些产品增添了一种独特的天然香气成分（图2-42）。

图2-42　香水

2. 香薰

香薰是指经由皮肤系统和呼吸系统传达精油等药用功效的芳香疗法，通常广义香薰又包含所有的芳香疗法。人们通过按摩、吸入、热敷、浸泡、蒸熏，使芳香精油（也称植物精油）快速融入人体血液及淋巴液中，可以加速体内新陈代谢，促进活细胞再生，增强身体免疫力，进而调节人体神经系统、循环系统、内分泌系统、肌肉组织、消化系统、排泄系统等。常用香薰油泡浴、按摩，再配上轻柔的音乐，鼻间嗅入清新甜美的花香，沁入骨髓，暗香浮动，让人拥有迷人和浪漫的气质。香薰护理风靡全球，备受爱美女士青睐，能舒心养颜，放松减压。

纯植物精油中含有许多芬多精，能够刺激体内的自律神经，让内分泌系统稳定，自然神清气爽，活力大增。薰精油大多从植物的果实、花朵、叶子、根部或种子等提炼出来。斑兰叶被提取制成香精，应用于香薰产品中，为这些产品增添了一种独特的天然香气，并具有抗菌、杀菌、排毒等功效（图2-43）。

图2-43　香薰喷雾

（二）护肤品

护肤品，即保护皮肤的产品。随着社会经济的不断进步和物质生活的丰富，护肤品不再是过去只有富人才用得起的东西。现如今，护肤品已走进了平常百姓家。它对人们的精神、形象提升起到了极大的作用。随着国内居民消费水平的升级，化妆品行业发展也进入了新的阶段，其中护肤品行业是化妆品行业中发展最快的一个细分市场。中国护肤品行业以年均15%以上的速度递增，全行业正处在消费结构逐渐升级、消费层次多元化的阶段，护肤品生产和销售方面也已形成相对完善的法律法规。斑兰叶中的角鲨烯被广泛用于皮肤保湿，在体内和体外均具有抗氧化的作用，可延缓皮肤衰老。

1. 面膜

面膜是一种敷在脸上的美容护肤品，有的敷后20~30分钟会形成一层紧绷在脸上的薄膜。面膜是护肤不可或缺的一项，日常的护肤品营养供不上每天大量流失的水分和营养。根据年龄阶段每周可敷不同次数的斑兰面膜来给皮肤补充养分（图2-44）。

图2-44　斑兰叶面膜

2. 眼霜

眼霜对眼部肌肤有滋润的功效，除了可以减褪黑眼圈、眼袋的问题外，还具备改善皱纹、细纹的功效。眼霜是用来保护眼睛周围比较薄的这一层皮肤的，对眼袋、黑眼圈、鱼尾纹等都有一定的效用，但是不同的眼霜功效不同。眼霜的种类大致分为眼膜、眼胶、眼霜、眼神水等；从功能上分为滋润眼霜、紧实眼霜、抗老化眼霜、抗敏眼霜、去黑眼圈霜、去眼袋眼霜等。

3. 面霜

面霜中的美白、抗衰老等有效成分能够更好地被肌肤吸收。面霜除了发挥它的功效外还有一个重要的作用，那就是锁水。斑兰面霜多少都带有油分，滋润肌肤的同时也把面霜的营养和水分紧紧地锁到皮肤里（图2-45）。

4. 洁面乳

洁面很重要，卸妆也尤为重要，洗面奶清洗掉的是皮肤上的水溶性污垢，而卸妆液卸掉的是皮肤表面油溶性污垢。皮肤自身会分泌油脂，这些油脂会附着在皮肤表面与飘浮在空气中的灰尘、汽车尾气、重金属等"垃圾"相结合，产生油溶性污垢，坚持使用斑兰洁面乳卸妆会延缓衰老。

图2-45　斑兰柔珠霜

5. 护手霜

护手霜是一种能愈合及抚平肌肤裂痕、干燥，有效预防及治疗秋冬季手部粗糙干裂的护肤产品，秋冬季节经常使用可以使手部皮肤更加细嫩。护手霜不仅能保持皮肤水分的平衡，而且还能补充重要的油性成分、亲水性保湿成分和水分，并能作为活性成分和药剂的载体，使之为皮肤所吸收，达到调理和营养皮肤的目的（图2-46）。

图2-46　斑兰护手霜

6. 爽肤水

爽肤水除平衡皮肤的pH值外，还可以给皮肤补充大量水分，这一步骤非常有利于后面护肤品的吸收和彩妆的帖妆效果。建议油性肌肤选择爽肤水（凝露），干性或敏感性肌肤选择柔肤水，因为柔肤水比较稠、黏度大，营养成分也会比爽肤水高，干性肌肤使用会滋润皮肤，而油性肌肤爱出油适合用清爽型的护肤品（图2-47）。

7. 防晒霜

防晒霜是由利用防晒原理制成的保护皮肤免受紫外线照射，从而避免黑色素的产生与积累的

图2-47　斑兰凝露

护肤品，涂在皮肤上，可防止阳光接触皮肤。斑兰叶含有天然清爽性凉的植物萃取物，如甘草、绿茶、柠檬等，性质非常温和，无刺激性，无油，是帮助油腻皮肤度过夏天的绝好产品。

（三）洗护品

1. 肥皂

肥皂是人类使用历史最久的洗涤用品，目前市场上的肥皂大多为化学制品，虽然其抗菌性能强，但是其加工过程中添加了较多的化学制剂，对皮肤有较大的危害。随着人们对健康环保的要求不断提高，更加环保与健康的肥皂一经面市就深受消费者的喜爱，早已在韩国、日本等地蔚为时尚。以皂基为原料加入斑兰叶粉，可制备斑兰叶皂，其香气、颜色、质地、透明度、清洁力都很强，使用之后皮肤湿润又清爽（图2-48）。

图2-48　斑兰皂

2. 洗衣液

洗衣液是一种中性洗涤剂，适合用于清洗婴儿衣物和内衣裤等贴身手洗衣物，洗衣液多采用非离子型表面活性剂，酸碱值接近中性，对皮肤温和，可以快速溶解于水中，易漂洗，并且排入自然界后，降解较洗衣粉快，所以成为新一代的洗涤剂。通过萃取斑兰叶汁可制备净护除菌洗衣液，留香自然清新（图2-49）。

3. 护发素

护发素可以吸附在毛发表面上，形成涂层，

图2-49　斑兰洗衣液

使毛发平滑，整体呈现良好状态。随着社会的发展，人们对生活品质的要求日益提升，开始追求其他附加功能，比如促进头皮上的血液循环，从而防止脱发，促进头发生长，防止头皮屑和瘙痒等。头皮屑是一种由真菌引起的头皮疾病，主要特征是头皮发痒。

斑兰叶中含有可以作为抗真菌、抗细菌等微生物的化合物，比如单宁、黄酮类化合物和皂苷等。单宁通过凝固细菌的原生质，从而在细菌和消化道之间形成稳定的键，可以消除毒素；黄酮类化合物通过抑制细胞质膜功能和能量代谢达到抗菌的效果；皂苷具有抵抗头皮屑的病原体的能力。

三、医药与保健品领域

（一）药材

药材即可供制药的原材料。由于历史文化、地理环境和社会发展水平不同等多种原因，各地区的中药资源开发利用程度和应用范围存在着很大的差异，形成了具有不同内涵、相对独立又相互联系的3个部分，即中药材、民间药和民族药。一般传统中药材讲究地道药材，是指在一特定自然条件、生态环境的地域内所产的药材，因生产较为集中，栽培技术、采收和加工都有一定的讲究，以致较同种药材在其他地区所产者品质佳、疗效好。民间药也称草药，指地域性习惯使用，本草中未记载的天然药物，一般以植物为主。民族药指少数民族聚居地区习惯使用或由少数民族医药文献记载的天然药物。

在中医养生理念中，斑兰叶具有清热解毒、润肺止咳的功效。其内含的丰富营养成分和芳香物质，不仅能够调理身体内部环境，还能提高机体的免疫力，帮助身体更好地抵御外界疾病的侵袭。斑兰叶在传统草药中用于治疗消化疾病、关节炎、糖尿病和皮肤病等。

利用斑兰叶进行养生方法多种多样。首先，斑兰叶可以泡茶饮用（图2-50）。将新鲜的斑兰叶洗净切碎，加入沸水中冲泡，即可得到一杯清香四溢的斑兰叶茶。这种茶饮不仅口感独特，还具有清热解毒、提神醒脑的效果，是夏日消暑的佳品。斑兰叶还可以制作成香囊，佩带可以安神助眠，缓解焦虑，安抚身心。

图2-50　斑兰叶茶

（二）保健品

保健品是保健食品的通俗说法，指具有一般食品的共性，能调节人体的机能，适用于特定人群食用，但不以治疗疾病为目的的食品。保健食品的保健作用在当今的社会中，也正在逐步被广大群众所接受。市场上的保健品人体可以分为一般保健食品、保健化妆品、保健用品等。保健食品具有食品性质，如茶、酒、蜂制品、饮品、汤品、鲜汁、药膳等，具有色、香、形、质要求，一般在剂量上无要求。

斑兰叶的提取物和挥发油中主要含有大量的角鲨烯、甾醇、不饱和脂肪酸、醛、酯、炔类等。角鲨烯具有较强生物活性，是特殊结构的天然直链三萜烯，具有渗透、扩散、杀菌作用，有很强的输送氧的能力，可增强细胞的活力及免疫力，加强细胞新陈代谢，在饮食中添加，帮助提高免疫力，改善疲劳。

马来西亚的医学研究中发现，斑兰叶对心脏病、肝炎及胃炎等均有疗效的助益外，还有极好的养颜、润肤等功能，在相应的医用产品及化妆品方面有着极好的应用价值和发展前景。现代研究也在探索斑兰叶的保健功能，包括抗氧化、抗抑郁症、抗糖尿病和抗高血压等潜在健康益处，并研发斑兰保健品（图2-51）。

图2-51　斑兰保健品

四、园艺与园林领域

（一）观赏植物

观赏植物指具有一定的观赏价值，适用于室内外装饰、美化环境、改善环境并丰富人们生活的植物。按观赏植物的观赏部位，分为观花、观叶、观果、观茎干和观芽5大类。

斑兰叶因其美丽的叶片和香气，被广泛用于园艺和室内装饰，作为观赏植物种植在花园和庭院中，或制作斑兰叶盆景、编织花环、制作礼品和装饰桌面等（图2-52、图2-53）。种在盆里的斑兰叶长势喜人，颇具观赏性，大的大气、小的精致，凑近细闻，淡淡的斑兰香飘出，让人心旷神怡。

图2-52　斑兰叶盆景

图2-53　斑兰叶编花

（二）园林设计

园林设计就是在一定的地域范围内，运用园林艺术和工程技术手段，通过改造地形（或进一步筑山、叠石、理水），种植树木、花草，营造建筑和布置园路等途径创作，建成美的自然环境和生活游憩境域的过程。园林设计的最终目的是要创造出景色如画、环境舒适、健康文明的游憩境域。一方面，园林是反映社会意识形态的空间艺术，园林要满足人们精神文明的需要；另一方面，园林又是社会的物质福利事业，是现实生活的实景，所以，还要满足人们良好休息、娱乐的物质文明需要。

园林设计要考虑植物质地条件。在一个理想的园林设计中，粗壮型、中粗型、细小型3种不同类型的植物应按比例大小均衡搭配使用。园林设计布局要合理选择植物的种类或确定其名称。在选取和布置乔灌木、花草等植物时，应有一种普通种类的植物，并以其数量优势而占主导地位，从而确保园林设计布局的统一性。在热带地区的园林设计中，斑兰叶常被用作边界植物或地被植物，增添绿色景观和芳香。在园林中休憩区的游步道两侧条带状种植斑兰叶，可形成芳香游步道（图2-54）。

图2-54　斑兰叶园林设计

五、休闲与研学领域

（一）休闲旅游

休闲旅游，是指以旅游资源为依托，以休闲为主要目的，以旅游设施为条件，以特定的文化景观和服务项目为内容，为离开定居地而到异地逗留一定时期的游览、娱乐、观光和休息。现阶段，我国主要开发的休闲旅游产品有主题公园、农家乐、产业休闲旅游、体育休闲旅游、专项休闲旅游、购物休闲旅游等形式。

以斑兰叶园区及园区周边优美的自然生态环境来满足城镇居民回归自然、融于自然的愿望，让游客深入其中，尽享田园风光。这是一种以生态观光为主，以斑兰叶采摘为辅的旅游形式，如结合斑兰叶种植基地，开发欣赏斑兰叶田园风光、观看斑兰叶生产活动、品尝和购置斑兰叶绿色食品等旅游活动，以达到了解和体验农业文化和活动的目的（图2-55）。

图2-55　斑兰叶园区

（二）科普研学

科学普及是指利用各种传媒以浅显的、让公众易于理解、接受和参与的方式向普通大众介绍自然科学和社会科学知识、推广科学技术的应用、倡导科学方法、传播科学思想、弘扬科学精神的活动。研学旅行是由学校根据区域特色、学生年龄特点和各学科教学内容需要，组织学生通过集体旅行、集中食宿的方式走出校园，在与平常不同的生活中拓宽视野、丰富知识，加深与自然和文化的亲近感，增加对集体生活方式和社会公共道德的体验。

斑兰叶科普研学园区通常是以建设斑兰叶产业基地发展起来的，以育苗以及科技示范为主，融入文旅元素。这类园区可以利用斑兰叶科技示范基地优越的硬件设施和丰富的品种资源，向青年学生展示现代化的栽培管理技术，普及斑兰叶知识，开展科技探索、参与体验、DIY教育活动使他们了解斑兰叶发展动态，产生对生物科学的浓厚兴趣，接受农业技术知识的教育（图2-56）。

图2-56　斑兰叶科普研学活动

第三章 斑兰叶产业发展现状

斑兰叶具有好育苗、好种植、好管理、好采收、好加工、好前景的"六好"特点，适合于林下和光伏下种植。发展斑兰叶产业对践行"大农业观"行动、"大食物观"行动和"大健康观"行动具有重要意义。本章主要分析国外斑兰叶产业发展现状和国内斑兰叶产业发展现状，并结合斑兰叶产业发展的有关媒体报道，全面了解中国斑兰叶产业的政策、生产、科技、市场等综合发展情况。

一、发展斑兰叶产业的意义

（一）践行"大农业观"行动

2024年，中央一号文件提出，"树立大农业观、大食物观，多渠道拓展食物来源"。大农业观从深化农业供给侧改革发力，构建多元化食物供给体系。发展斑兰叶产业是深入贯彻落实乡村振兴战略重大决策部署的新兴产业，是践行"大农业观"行动，推动热带特色作物产业结构调整的重要路径。

斑兰叶是多年生草本植物，环境适应能力强，对土地要求不高，种植技术门槛低、接地气，育苗、种植、采收等生产环节操作简单，不需要专业的施肥、病虫害防控、整形修剪等技术，种植成本和劳动力投入都不大，具备快速发展成为海南等热带地区特色乡村振兴产业的独特优势。同时，斑兰叶种苗定植8～10个月后即可采收，种植1次可以连续采收10～15年，叶片可全年采收，每株全年产40～60片鲜叶，鲜重2千克，林下间作亩产鲜叶1 000～1 600千克，一次种植、多年受益。斑兰叶具有好育苗、好种植、好管理、好采收、好加工、好前景"六好"特点，是一种真正的"懒人农作物"。近年来，海南斑兰叶林下种植发展快速，成为万宁、琼海、文昌、儋州、琼中、五指山等市县乡村振兴重要抓手，已发展为海南新兴高效产业、绿色健康产业、特色致富产业和农业转型升级的"支点型"产业。同时随着光伏农业的兴起，在光伏下种植斑兰叶，将土地的双重利用最大化，为现代农业的发展提供了新动力，可实现能源和农业的双赢局面。发展斑兰叶产业对于践行"大农业观"行动，促进农业发展、农民增收、乡村振兴具有重要意义。

（二）践行"大食物观"行动

习近平总书记指出："解决吃饭问题，不能光盯着有限的耕地，要把思路打开，树立大食物观"。大食物观从转变消费结构发力，顺应人民群众对美好生活的向往。发展斑兰叶产业是深入贯彻落实健康中国战略重大决策部署的新兴产业，是践行"大食物观"行动，壮大热带林下经济产业的重要路径。

斑兰叶是典型的热带雨林下的低层植物，具有耐高温、耐荫蔽、喜湿、不耐寒、不耐旱等习性，因此生产上斑兰叶种植模式主要以林下间作为主。截至2023年底，海南省规划林地面积2 632.8万亩，为林下经济发展提供充足的发展空间。全省可用于发展林下经济相对集中林地面积876.6万亩、木本园地418.2万亩，发展林下经营空间和增值空间潜力大。林下间作斑兰叶让斑兰叶充分利用林下空闲土地、光照、温度、水分等资源，种植后10～12个月即可采收产生经济收益，在丰富林下食物来源、增加土地产出的同时，破解林下资源闲置、生产周期长、林产品市场价格波动和自然灾害对经济林产业发展造成的不利影响，提高综合经济效益，同时还能丰富农林生态系统物种多样性，减少有毒有害农田投入品的使用，促进作物对养分的吸收，提高肥料利用率，减少病虫害发生，减少林下杂草丛生，改善土壤和生态环境质量。发展斑兰叶产业对于践行"大食物观"行动，满足人民群众的食物多元消费需求，促进林农增收和生态环境保护具有重要意义。

（三）践行"大健康观"行动

习近平总书记在党的二十大报告中指出："人民健康是民族昌盛和国家强盛的重要标志。把保障人民健康放在优先发展的战略位置，完善人民健康促进政策。推进健康中国建设是人民幸福生活的前提和基础"。发展斑兰叶产业是深入贯彻落实健康中国战略重大决策部署的新兴产业，是践行"大健康观"行动，不断提高人们生活质量的重要路径。

斑兰叶叶片含有丰富的蛋白质、维生素、生物碱、类胡萝卜素、矿物质、膳食纤维等营养成分，且富含2AP、角鲨烯、叶绿醇、草蒿脑、丙酮、亚麻酸、豆甾醇、β-谷甾醇等活性成分，具有增强细胞活力、加快新陈代谢、提高人体免疫力、降血脂、降血糖、抗病毒以及抑制癌细胞生长等作用，被誉为"东方香草"，其叶片广泛应用于食品、医药、化妆品等行业。作为一种天然香料，斑兰叶可以直接或者简单加工后应用于食品饮料和日化行业中，栽培过程中不需要化学农药等投入，加工过程中不需要添加其他香精或色素，产品散发一种类似粽子的香味，颜色保持天然绿色，具有纯天然、无污染、原生态、无添加等特点，符合我国百姓当前的消费升级潮流。在国际标准化组织（ISO）676号文件中，斑兰叶被列入能够作为食品原料的109种草本香料植物之一。斑兰叶在东南亚也是一种药食同源的植物，当地居民不仅把它作为调味料，还将它作为治疗神经衰弱、痛风、高血压和风湿病的传统药物。发展斑兰叶产业对于践行"大健康观"行动，满足人民群众的食物营养需求，促进人民群众养成健康的消费方式具有重要意义。

二、国外斑兰叶产业发展现状

（一）国外斑兰叶产业基本情况

东南亚和南亚地区不仅是斑兰叶的原生地，也是斑兰叶的主要生产和出口地区，这些国家在斑兰叶的种植、加工和销售方面都有较为完善的产业链。

1. 种植与生产

主要产区：东南亚和南亚地区是斑兰叶产业的主要产区，尤其是印度尼西亚、马来西亚、新加坡、泰国、菲律宾、斯里兰卡、印度等国家。斑兰叶适应当地气候条件，被广泛种植，年产鲜叶约400万吨，其中东南亚和南亚占80%以上。斑兰叶家庭种植和商业种植并存，保证了稳定的原材料供应。

现代化种植：随着需求的增加，许多地区已经开始采用现代化农业技术进行大规模种植，提高了斑兰叶的产量和质量，推动了产业规模化发展。鉴于斑兰叶对自然环境的依赖性，一些地区开始关注斑兰叶的可持续种植和管理实践，以确保斑兰叶的持续生产和供应。

2. 加工与技术

多样化加工产品：斑兰叶被加工成多种产品，包括斑兰叶粉、斑兰精油、斑兰香精、斑兰饮料等。在非食品方面，斑兰叶被当作传统药物，可缓解关节痛、降血糖、减轻头痛等。此外，斑兰叶提取物常用于驱蚊和制作空气清新剂。

先进加工技术：利用现代化设备和技术进行大规模生产，保证了斑兰叶产品的质量、稳定性和卫生标准，从而满足国际市场的需求。

3. 市场与销售

本地市场：斑兰叶及其制品在东南亚和南亚市场上有着广泛的应用和需求，尤其在餐饮业和家庭烹饪。斑兰叶及其制品广泛应用于日常饮食和生活中，市场需求稳定且不断增长。消费者对天然和健康产品需求的增加，推动了斑兰叶产品的市场需求。

出口市场：由于斑兰叶在烹饪、药用和香气疗法等方面的广泛用途，其产品出口市场相对多样化。除了亚洲国家，斑兰叶也出口到欧洲、北美和其他地区，满足国际市场对天然香料和健康食品的需求。电子商务平台也助力了斑兰叶产品的国际销售。

龙头企业：在东南亚和南亚，斑兰叶产品市场由多家领先企业主导，这些企业在加工和销售斑兰叶产品方面具有显著影响力。ABC Cookwell公司在马来西亚和新加坡市场表现突出，专注于生产斑兰叶提取物和斑兰叶粉，用于食品和饮料行业。Philippine Herbs

Corp位于菲律宾，主要生产和出口各种斑兰叶产品，包括新鲜斑兰叶、干燥斑兰叶和斑兰叶精油。Green Leaves Ltd.在泰国运营，专注于斑兰叶产品的加工和出口，特别是斑兰叶提取物和斑兰叶香精，用于国际市场。这些公司通过创新的产品开发能力和强大的分销网络，在区域市场中占据重要地位。斑兰叶产品可以通过多种渠道购买，包括在线零售商如Amazon和Weee！等。

（二）国外斑兰叶科技创新与研发

1. 产品创新

随着对天然食品和草药的需求增加，斑兰叶作为一种天然、营养丰富的材料受到越来越多的关注。斑兰叶的商业利用逐渐增加，包括用于食品添加剂、保健品和香料等。斑兰叶产品的多样化和创新不断推进，包括斑兰护肤品、斑兰香薰和斑兰保健品等。

2. 研究与开发

科研机构和企业合作，在斑兰叶的营养价值、药用功效和生物活性化合物等方面进行了广泛的科学研究，如开展斑兰叶的功能性研究，探索其在食品、医药和化妆品领域的更多应用。这些研究有助于深入了解斑兰叶的潜在价值，并推动相关产品的开发和创新。

3. 国际交流合作

通过国际合作和技术交流，也促进了斑兰叶产业的发展，提高了生产效率和产品质量，提升斑兰叶产业的整体水平，促进各国之间的贸易往来。

（三）国外斑兰叶产业政策与支持

一些国家的政府提供斑兰叶产业农业补贴、技术培训和政策支持，鼓励斑兰叶的种植和加工产业发展。这些扶持政策和支持措施不仅促进了斑兰叶产业的可持续发展，也推动了其在国际市场的竞争力，提升了斑兰叶的经济和社会价值。

1. 种植与农业支持

补贴与资助：一些东南亚国家如泰国和马来西亚，提供农业补贴和资助，鼓励农民种植斑兰叶，帮助他们购买种子、肥料和灌溉设备。

技术培训：政府和农业机构提供种植技术培训，帮助农民掌握现代化的种植和管理技术，提高斑兰叶的产量和质量。

2. 研究与开发支持

科研资助：政府和学术机构资助与斑兰叶相关的科研项目，研究其药用价值、营养成分及新产品开发，推动产业创新。

合作项目：通过与国际科研机构和企业合作，促进技术交流和成果共享，提高斑兰叶加工和利用的科技水平。

3. 市场与销售支持

市场推广：政府和行业协会组织参加国际食品展览会和博览会，推广斑兰叶产品，开拓国际市场。

电子商务：支持斑兰叶产品通过电子商务平台进行销售，扩大其市场覆盖面，促进农产品电商化。

4. 加工与产业化支持

加工设施建设：提供资金和政策支持，帮助企业建设现代化的加工设施，提高斑兰叶产品的附加值。

标准制定：制定和推广斑兰叶加工和产品质量标准，确保产品质量，提高市场竞争力。

5. 政策与法规

税收优惠：对斑兰叶种植和加工企业提供税收优惠政策，降低企业运营成本，促进产业发展。

土地使用政策：提供优惠的土地使用政策，鼓励斑兰叶种植和加工园区建设，集中发展相关产业。

6. 具体支持举措

（1）泰国

农业发展计划：泰国政府通过农业发展计划，提供种植补贴、技术培训和市场推广支持，鼓励斑兰叶种植。

出口促进：通过与国际市场的合作，促进斑兰叶产品出口，提升其国际市场份额。

（2）马来西亚

农业补贴：马来西亚政府提供农业补贴，帮助农民和企业发展斑兰叶种植和加工。

研究资助：资助相关科研项目，研究斑兰叶的营养和药用价值，推动产品创新。

（3）印度尼西亚

技术支持：印度尼西亚农业部门提供技术支持和培训，帮助农民采用现代种植技术，提高斑兰叶的产量和质量。

产业园区：鼓励建设斑兰叶种植和加工产业园区，集中发展产业，提供一站式服务和政策支持。

总的来说，国外斑兰叶产业在种植、加工和市场开拓方面已经形成了一定的规模和体系，未来在技术创新和市场拓展方面仍有很大的发展潜力。

三、中国斑兰叶产业发展现状

(一) 我国斑兰叶产业基本情况

斑兰叶生命力强，适应性广，我国斑兰叶主要种植在海南，广东、云南、广西、福建、台湾等地少量种植。斑兰叶种植后可连续采摘10~15年，产量和品质受种植区域、种植期限、林地种类、种植管理等因素影响而有所不同。

1. 海南斑兰叶种植

海南省属热带温润季风气候，日照时长，热量丰富。年平均气温23.8℃，年平均降水量1 800~2 200毫米，年平均日照时数2 000~2 750小时，年平均温度≥10℃积温8 200℃，平原台地占陆地面积2/3，且拥有1 000多万亩橡胶、槟榔等经济林，林间有足够空间，适合种植斑兰叶（图3-1）。

图3-1 林下间作斑兰叶

海南是我国斑兰叶种植起源地和优势产区，已发展种植面积3万多亩，年产斑兰叶（鲜叶）约4万吨。种植区域主要集中在万宁（7 000亩）、儋州（3 000亩）、琼海（2 500亩）、文昌（2 300亩）等地，其他市县零星分布。海南具有发展斑兰叶难以替代的区域气候优势,定植后8～10个月开始收获,第1年亩产1 250～1 500千克,定植2年后达丰产期,平均亩产约2 000千克。海南可作为斑兰叶原料种植和斑兰叶初加工基地,以优质原料供应全国烘焙、饮食、香精香料等应用市场。

2. 广东省斑兰叶种植

广东省湛江市包括雷州半岛全部和半岛以北一部分,南隔琼州海峡与海南省相望,地处北回归线以南的低纬度地区,属热带和亚热带季风气候。年平均气温23℃,年平均降水量1 417～1 802毫米,年平均日照时数1 817～2 106小时,年平均温度≥10℃积温8 309～8 519℃,也相对适合种植斑兰叶(图3-2)。

自20世纪70年代,广东省江门台山海宴华侨农场就有民间种植斑兰叶。作为特色农业产业,斑兰叶

图3-2 斑兰叶种植基地

在广东省也得到产业化试种,现主要分布在广东省的湛江市、阳江市、江门市、茂名市等地,种植面积约为1 000多亩。近两年,广东香兰谷农业发展有限公司、广东省阳江农垦集团有限公司、茂名市达力农牧科技有限公司等企业已在湛江市徐闻、阳江市阳西、茂名市电白等地发展种植斑兰叶。广东农垦织篢农场光伏板下种植斑兰叶成为广东"农光互补"的一种新兴的示范推广模式。广东省在斑兰叶产品加工应用方面领先全国,广东省可作为斑兰叶原料种植和中间品深加工基地,以加工中间品辐射全国烘焙、饮食、香精香料等消费市场。

3. 斑兰叶产品加工

目前,市场销售的斑兰叶产品以鲜叶、粉浆等原料以及中间品为主,但是普遍存在保质期短或价格昂贵等问题。使用真空冷冻干燥以及超微粉碎等方式,以斑兰叶叶片为基源制作的斑兰叶粉,具有耐储运、易加工、低成本等优势,已成为制作糕点、冰淇淋、糖果等的纯天然食品原料之一,具有重要的经济价值和开发前景。

斑兰叶产品加工是近几年新兴的产业,加工业整体发展相对薄弱。现有海南加工厂主要以烘干、磨粉、制作糕点等初加工为主,虽有斑兰茶、斑兰巧克力等新产品出炉,但只在小范围内试用,精深加工能力和产品附加值有待进一步提升。据统计,海南省现有已投产和在建的斑兰叶加工企业10家,2022年总产值约0.5亿元。其中海南兴科热带作物工程技

术有限公司、海南联越食品有限公司、海南南派实业有限公司、海南海雁农业食品科技有限责任公司、海南椰香百年食品有限公司、海南新名香料有限公司、海南壹尚生物科技有限公司、五指山万家宝科技有限公司等均已具备成熟的生产线，年加工斑兰（鲜叶）能力2.5万吨，加工市场还远未饱和；万宁现代农业投资有限公司、香斑（万宁）科技有限公司等斑兰加工厂正在建设，建成投产后，全省斑兰（鲜叶）年加工能力预计可达4.3万吨。广东省现有已投产和在建的斑兰叶加工企业主要为广州市名花香料有限公司、广东雅和生物科技有限公司、广东芭薇生物科技股份有限公司等，具备较强的斑兰叶研发生产能力，已经形成了一定规模的产业链（图3-3）。

图3-3　斑兰叶加工厂

4. 斑兰叶市场消费

在海南，斑兰叶的身影随处可见，它不仅是一种食材，更是文化的承载者，让人们在品味斑兰叶美食的同时，也能感受到那份源远流长的文化底蕴。海南有丰富的斑兰叶利用文化，多以南洋文化为载体、民间综合利用模式为主，在特色餐饮、观赏园艺、休闲旅游等行业利用传播。

海南斑兰叶的应用极为广泛，尤以甜品最为著名。斑兰糕、斑兰椰汁冻、斑兰糯米糍，这些带有鲜明斑兰风味的美食，早已成为人们心中的甜蜜佳品。斑兰叶的独特芳香，不仅能提升食物本身的美味，还能激发食欲，带来一丝丝清凉与清新。

海南万宁兴隆华侨农场民间斑兰叶食用已超过70年历史，其制作斑兰糕、斑兰清补凉、斑兰冷饮等传统美食极具南洋风情，逐渐形成海南当地百姓的消费新潮和休闲旅游的特色品牌。以万宁兴隆华侨农场为例，作为南洋文化的载体，被当地华侨的特色餐饮、休闲旅游等产业链广泛引用，以斑兰叶为元素的餐饮店超过90家（图3-4）。百姓常将斑兰叶的新鲜叶片

图3-4　海南万宁兴隆华侨农场斑兰叶风味店

磨碎榨汁，加入米中蒸食，做糕点、甜品和冷饮等特色小吃。

斑兰叶与广东饮食文化也紧密交织，广东江门市台山海宴华侨农场民间斑兰叶食用也已超过60年历史，下属南丰村号称"南国香料第一村"，可以现场品尝斑兰叶制成的糕点和美食（图3-5）。斑兰叶特有的香气和色泽成为粤菜中不可或缺的调味灵魂。将新鲜海产与斑兰叶一同烹煮，不仅能够去腥增香，更让海产的鲜美得到完美升华。

市场上斑兰叶美食行业类型主要包含烘焙、冷饮、糕点、甜品、特色餐饮。据行业数据调查，生产斑兰叶饮品的著名品牌有奈雪的茶、COCO、ARTEASG、蒙牛、南国、椰语堂，小众品牌有斑兰茶道、星冰城、鲜果时光等，特色斑兰餐饮品牌有KFC、澳门楼下餐室、深圳Tripsay House创意餐厅、海南PANDAN美味斑兰文化体验店（图3-6）、聚福安、琼州往事里等。斑兰叶烘焙行业品牌有薇薇安、幸福西饼、喜喜点心、南洋大师傅，以及大街小巷斑兰馒头店（图3-7）、冷饮店等。斑兰叶已悄无声息地进入美食圈，正以健康美味的势头俘获大众群体的心和胃，未来必定会有更多的品牌和独创斑兰叶特色餐食不断崛起，这也充分证明斑兰叶在未来市场的前景非常乐观。

图3-5 广东台山海宴华侨农场斑兰叶风味店

图3-6 PANDAN美味斑兰文化体验店

图3-7 斑兰馒头专营店

（二）斑兰叶科技创新与研发

我国斑兰叶研究尚处于起步阶段，20世纪80年代开始开展种质资源收集与保存，斑兰叶全产业链研究于2000年以后开展，形成了以中国热带农业科学院下属科研机构和院办企业为主体的斑兰叶科技创新与研发队伍。

1. 斑兰叶主要研发机构

（1）中国热带农业科学院香料饮料研究所（简称"香饮所"，图3-8）

隶属农业农村部国家级农业科研事业单位，以胡椒、香草兰、咖啡、可可、苦丁茶、八角、肉桂、糯米香等热带香料饮料作物，以及波罗蜜、面包果等热带木本粮食作物为主要研究对象，致力于开展热带香料饮料作物全产业链配套技术研发任务，为我国热带香料饮料作物产业持续发展提供强有力的科技支撑。香饮所先后开展斑兰叶种质资源收集与保存、鉴定评价与创新利用、优良种苗繁育、高效栽培、病虫害防控及产品加工等全产业链技术研究与应用，选育出"粽香斑兰"优良无性系，攻克"优良种苗工厂化组培繁育""林下种植斑兰叶""斑兰叶粉保色留香"等关键技术难题，研发了经济林下复合栽培斑兰叶高效种植技术模式，为海南斑兰产业高质量发展提供了理论基础和科技支撑。

图3-8 香饮所

（2）中国热带农业科学院湛江实验站（简称"湛江实验站"，图3-9）

隶属农业农村部国家级公益二类事业单位，以热带林下经济、热带特色畜禽、热带水生生物、热带饲料作物为主要研究对象，开展应用基础、应用和开发研究，持续促进热带农业动物科学全链条技术实验、集成创新、示范推广和科技服务，着力解决热区农业动物供给体系的方向性、全局性科技问题，为保障我国热区多元化食物和绿色健

图3-9 湛江实验站

康养殖产品供给体系提供战略科技支撑。湛江实验站先后开展了斑兰叶种苗繁育及林下高效栽培技术研发和试验示范基地建设，在广东徐闻、阳西、电白等地建立了林下和光伏板下间作科技示范基地，促进斑兰叶产学研用深度融合，为广东省斑兰叶产业发展和乡村振兴提供了典型的科技支撑和示范引领。湛江实验站牵头研发的"橡胶林下间作斑兰叶全产业链技术集成与应用"获2023年第四届中国技术市场协会三农金桥奖项目二等奖。

（3）海南兴科热带作物工程技术有限公司（简称"兴科公司"，图3-10）

隶属中国热带农业科学院香料饮料研究所的国有企业，是一家集热带特色植物资源科技创新、产品研发、定制生产、技术服务及市场化销售为一体的国家高新技术企业。兴科公司依托国家重要热带作物工程技术研究中心等平台，建有热带特色作物产品中试基地15 000多平方米，中试生产线8条，累计研制并上市销售烘焙咖啡及固体饮料、风味茶及功能饮料、冻干康养食品、可可及巧克力制品、胡椒调味品、香料香薰日化品等12大系列科技产品300多种。兴科公司建有斑兰叶优良种苗繁育基地，研发绿色健康斑兰叶产品加工工艺，开发出"冻干斑兰粉""斑兰蛋糕""斑兰冰淇淋""斑兰糖果"等系列产品，为海南斑兰产业化、标准化发展提供了技术支持。

图3-10　兴科公司

（4）海南热作高科技研究院有限公司（简称"热作高科公司"，图3-11）

隶属中国热带农业科学院的国有企业。热作高科公司围绕热带作物良种良苗繁育、节本增效生产、产品精深加工、农副产物综合利用、信息化、机械化、休闲农业等全领域全链条，开展热带作物技术研发、科技成果转移转化、知识产权运营、科技产业孵化、创新创业服务等相关业务，挖掘科技成果商业价值，引领热作产业创新发展。近年来，热作高科公司牵头建立了海南斑兰产业创新中心，开展了斑兰叶全产业链科技创

图3-11　热作高科公司

新体系建设，集成创新斑兰叶全产业链技术，推广斑兰叶优良种苗、试验示范"三棵树"林下斑兰叶间种模式，推广斑兰叶科技产品，打造斑兰叶科技品牌，促进科技+产业深度融合，拉动了斑兰叶的种植效益和产业规模，助力海南斑兰叶产业高质量发展，辐射全国烘焙、饮食、香精香料行业。

2. 斑兰叶技术创新

我国斑兰叶技术创新工作以中国热带农业科学院下属科研机构和院办企业为核心，近年来已系统构建起斑兰叶全产业链技术创新体系和标准体系。

（1）开展斑兰叶全产业链科技创新体系建设

2020年1月，中国热带农业科学院在海口市举行斑兰产业融合发展对接会（图3-12）。来自热带农业科技、金融和产业领域的50多名专家学者、行业代表和企业家代表齐聚中国热带农业科学院，为海南斑兰产业科学发展把脉会诊、建言献策，共商合作、共谋发展。此次斑兰产业融合发展对接会的召开，搭建了科技、企业、金融等融合交流活动平台，对促进海南斑兰叶产业发展、打响海南斑兰产品品牌具有重要意义。

图3-12　斑兰产业融合发展对接会

2021年7月，中国热带农业科学院在海口召开了斑兰产业发展研讨会（图3-13）。海南省农业农村厅、香饮所、海南省烘焙行业协会、海南农产品加工企业协会等单位、热作高科公司等企业负责人出席了会议，围绕海南省乡村振兴战略实施和热带特色高效农业的重大科技需求，探讨建设斑兰叶全产业链科技创新体系，促进海南"三棵树"林下经济发展，打响热作斑兰叶特色品牌，助力海南热带特色高效农业高质量发展。

图3-13　斑兰产业发展研讨会

2021年12月，中央引导地方科技发展资金项目"海南省斑兰叶全产业科技创新体系建设项目"启动会在儋州召开，会议现场举行了"海南斑兰产业创新中心"揭牌仪式（图3-14），热作高科公司、香饮所、兴科公司组建专业化斑兰叶全产业链技术研发团队；为了加快推进斑兰叶全产业链科技创新体系建设，研发团队组织开展了斑兰叶种苗繁育与林

图3-14　海南斑兰产业创新中心揭牌仪式

下高效种植技术研究、斑兰叶产品加工技术研究等，构建起涵盖品种培育、种苗繁育、高效种植、产品加工和技术服务的全产业链技术体系，实现了斑兰叶科技与产业零距离接触，为我国斑兰产业发展提供了有效的科技支撑和示范引领。

为加快斑兰叶科技创新和研发，香饮所设立了专业科研团队，开展了斑兰叶全产业链技术研究，牵头制定并发布了团体标准《农产品全产业链生产规范　斑兰叶（香露兜）》。

（2）建立斑兰叶优良种苗繁育技术体系

由于传统斑兰叶种苗以分蘖繁育为主，存在优良新品种缺乏、种苗质量参差不齐、批量生产困难、制约产业规模化发展等问题。香饮所选育出具有香气浓、抗性强、产量高等特点的我国优良无性系"粽香斑兰"，攻克了斑兰叶优良种苗工厂化繁育技术；香饮所、热作高科公司等获授权国家发明专利"一种斑兰叶种苗的高通量繁育方法""一种香露兜组培快繁方法""一种香露兜组培种苗快速繁育方法"；以林下间作斑兰叶栽培技术为核心的科技成果"斑兰叶高通量种苗繁育及槟榔林下高效栽培技术"获第二十三届高交会优秀创新技术荣誉。

为建立斑兰叶健康种苗组织培养繁育技术体系，香饮所、热作高科公司等单位制定并发布了农业行业标准《香露兜种苗》，海南地方标准《斑兰叶（香露兜）种苗》《斑兰叶（香露兜）种苗繁育技术规程》。中国热带农业科学院下属香饮所、橡胶研究所、海口实验站等先后在万宁市兴隆和儋州市宝岛新村建立高标准母本园、育苗基地，繁育优良组培苗，保证了种苗质量一致性，提高了繁育效率，促进了斑兰叶种苗规模化生产（图3-15、图3-16）。

图3-15　斑兰叶优良种苗繁育基地　　　　图3-16　观察斑兰叶种苗繁育情况

（3）建立林下间作斑兰叶技术体系

针对斑兰叶林下间作技术缺乏，高效复合栽培技术集成应用不够等问题，香饮所等单位先后开展了槟榔间作斑兰叶对土壤微生物群落结构及斑兰叶主要香气成分的影响、橡胶间作斑兰叶对斑兰叶香气成分的影响、不同荫蔽度对斑兰叶光合特征及香气成分的影响等研究，表明林下间作斑兰叶体系有助于增强土壤酶活性，改善土壤微生物群落结构，提升斑兰叶主要香气成分含量，为林下间作斑兰叶栽培模式的优化与推广提供了理论依据（图3-17）。

图3-17　观察斑兰叶林下间作情况

香饮所、湛江实验站、热作高科公司等单位集成创新斑兰叶高效配套栽培技术和不同作物下立体生态林下间作模式，获授权国家发明专利"一种香露兜栽培方法""一种椰子林下间种斑兰叶方法"，制定并发布了海南地方标准《林下间作斑兰叶（香露兜）技术规程》，"林下间作斑兰叶栽培技术"入选海南省2023年农业主推技术。在万宁市南林农场、儋州市宝岛新村、文昌市清澜镇、海口市龙泉镇等，建成林下间作斑兰叶试验基地，集中示范斑兰叶优良品种以及海南橡胶、椰子、槟榔"三棵树"林下间作斑兰叶模式，显著促进斑兰叶品质提升，使土地资源效益最大化，助力区域脱贫致富和乡村振兴，辐射带动了海南、广东斑兰叶种植（图3-18、图3-19）。

图3-18 研究人员观察斑兰叶林下间作情况　　图3-19 研究人员介绍斑兰叶林下间作技术

（4）建立斑兰叶产品加工技术体系

针对斑兰叶鲜叶不耐储运、使用工序烦琐、综合利用率低等问题。香饮所、湛江实验站、兴科公司、国家重要热带作物工程技术研究中心等单位开展了绿色健康斑兰叶产品加工工艺研发，研究不同干制工艺及其对斑兰叶风味成分的影响、斑兰酊剂萃取技术、低温超微破碎技术等，在此基础上研发斑兰叶保色留香加工技术，并进行斑兰粉的毒理学评价，为食品开发提供毒理学安全性依据，获授权国家发明专利"一种斑兰叶制品及其制备方法""一种完整保全斑斓叶营养物质的食品加工方法"，制定并发布了海南省食品安全地方标准《香露兜叶（粉）》，团体标准《冻干斑兰叶（香露兜）粉》《速冻斑兰叶（香露兜）浆》《斑兰叶（浆、汁、粉）中角鲨烯的测定》等加工标准。广东芭薇生物科技股份有限公司研制了首款特色化妆品植物新原料"香露兜叶提取物"，已通过国家药监局化妆品新原料信息备案。

兴科公司等企业研发出了斑兰冰淇淋、斑兰风味巧克力、斑兰茶、斑兰咖啡、斑兰面膜、斑兰凝露、斑兰烟用香料等系列斑兰叶制品及其制备加工技术，建立了海南省中试研究基地和中试示范生产线，实现了斑兰叶加工技术成果的标准化、市场化与品牌化快速发展，辐射带动海南万宁、儋州、琼中、文昌等地建设斑兰叶加工厂，提升斑兰叶加工产业附加值（图3-20）。

图3-20 斑兰叶产品

（5）建立斑兰叶产业技术服务体系

热作高科公司承担先后中国热科院热带农业技术转移中心和海南省热带高效农业知识产权成果转化平台运营，并与中国热带农业科学院合作建立"海南省小微企业创业创新示范基地""海南省中小企业公共服务示范平台""海口热科知识产权服务业聚集区"等服务平台，构建"斑兰全产业科技创新体系系统V1.0"等服务系统，为企事业单位提供成果推介、技术转移、技术咨询、技术培训、知识产权等专业化全产业链服务活动，大力开展斑兰叶产品成果推介、技术创新服务、农业科技服务和农户技术培训班，提供技术咨询/服务、创业辅导、产学研合作活动和斑兰小镇建设，带动农户增收致富，技术支撑中小企业发展斑兰叶种植、加工（图3-21至图3-23）。

图3-21　斑兰叶技术培训　　　图3-22　斑兰叶产品推介　　　图3-23　海南冬交会成果推介

（6）建立斑兰叶品牌文化公共体系

加大斑兰叶市场推广力度，中国热带农业科学院先后组织召开了海南自贸港党建促企建高质量发展论坛——斑兰产业发展交流会（图3-24）、2023全球食品饮料论坛斑兰产业分论坛（图3-25）。

图3-24　海南自贸港党建促企建高质量发展　　图3-25　2023全球食品饮料论坛斑兰产业分论坛
　　　　论坛——斑兰产业发展交流会

助推成立了海南省农产品加工企业协会斑兰专业委员会（图3-26）、海南省斑兰产业协会（图3-27），为斑兰叶产业做强做大出谋献策，促进斑兰叶科技+产业深度融合，助推斑兰叶产业高质量发展。

图3-26 海南省农产品加工企业协会斑兰专业委员会

图3-27 海南省斑兰产业协会

建立斑兰产品市场营销新业态，兴科公司、热作高科公司开发上线了海南兴科云商城、热作高科云商城等线上销售平台（图3-28）；建设了线下销售平台，如斑兰小屋、斑兰文化体验馆（图3-29、图3-30）；着力打造"热作高科""中热科技""湛动"等多个斑兰产品的品牌，努力培养海南斑兰区域农产品公用品牌，为海南斑兰叶产业走出海南创造机会和条件，助力斑兰产品从海南推广至全国。

图3-28 线上商城

图3-29　斑斓小屋　　　　　　　　　　　图3-30　斑兰文化体验馆

第四章 斑兰叶繁育与种植技术

不同的植物对生长环境的要求不同,因此在种植斑兰叶过程中要因地制宜,选择适合当地气候和土壤条件的品种,还要关注斑兰叶的生长周期,以便合理安排繁育、施肥、灌溉、病虫害防治等生产活动。斑兰叶主要利用分蘖苗和组培苗无性繁殖的方法进行种苗繁育。斑兰叶种植方式有间套作或单作、轮作等,种植制度包括园地基本建设、土壤培肥制度、灌溉水管理制度、土壤耕作制度、病虫害杂草防除制度以及农业服务制度等。斑兰叶的繁育与种植是一个系统工程,需要我们综合运用各种科学技术和管理方法,才能取得良好的效果。

一、斑兰叶种苗繁育技术

种子种苗处于现代农业经济链的最前端,在农作物生产实践中起到了关键性的作用,某些因素甚至会制约产业的发展。由于斑兰叶在我国开花结实不常见,主要利用无性繁殖的方法进行种苗繁育,具体包括分蘖苗繁育和组培苗繁育两种途径。作为特色农产品资源,斑兰叶与其他作物相比,生产技术研究起步晚,尚未选育出新品种,种苗繁育技术也正处于规范发展阶段。

(一)分蘖苗繁育

分蘖苗繁育是指挑选长势优良、整齐度较为一致的母株根、茎上分蘖出的具有完整根茎叶的小苗来繁育种苗的方法,具有简单易行、能够保持母株的优良性状的特点,是目前生产上斑兰叶种苗繁育的主要方法。斑兰叶的分蘖指的是从植株的茎部或根部长出的能够进一步发育成完整植株的芽。斑兰叶在生长过程中茎上会不断产生新的芽,同时斑兰叶气生根系发达,产生的气生根不断扎向地面,这些气生根靠近地面部分会大量产生参差不齐的芽,一般斑兰叶定植3~6个月就开始出现分蘖,并伴随其整个生育期,待这些芽发育并长出根系后,可截取下来进行育苗。一般而言,靠近土壤的气生根或茎产生的新芽较为适宜进行种苗繁育,植株上部的新芽由于离地面较远,产生新根较慢,且植株较大,在育种过程中不易管理,且会影响斑兰叶的产量,一般不宜过多保留。

1. 育苗圃建立

（1）苗圃地选择

斑兰叶育苗圃建立一般选择交通便利、靠近水源、土壤排水良好、有良好防风屏障的缓坡地或平地。一般要求平均气温不低于25℃，最冷月平均气温不低于20℃。温度较低地区，可利用温室大棚进行育苗，温室室温保持在20~25℃为宜（图4-1）。

图4-1 斑兰叶育苗圃

（2）育苗基质选择

斑兰叶育苗基质一般以通风透气的轻便基质为宜，具体可根据种苗的使用距离进行合理调配。对于需要长距离运输的种苗可采用泥炭土，或泥炭土∶有机肥∶砂壤土=2∶0.5∶0.5，或椰糠∶有机肥∶砂壤土=2∶1∶0.5作为基质。对于运输距离较近的种苗可以直接采用砂壤土或砂壤土伴有机肥进行育苗。

（3）苗床的建立

建立斑兰叶苗床需提前清除苗床内的杂草、石块、树头等杂物，布置好排水沟，修建好运送种苗与通行的道路。搭建好遮阴度在40%~60%的阴棚，阴棚大小、距离、走向应根据苗圃实际情况而定。也可在遮阴度适宜的槟榔、橡胶、椰子等经济林的林下空间建立苗床进行育苗。

2. 母株选择

选择长势旺盛、叶色浓绿、无病虫害、茎根靠近地表分蘖旺盛的斑兰叶植株作为母株。

3. 分蘖苗选择

用于育苗的斑兰叶分蘖苗应生长旺盛，无明显病虫害，且具有完整的根茎叶，脱离母株后能够迅速地生长，一般要求茎粗0.3~0.5厘米，苗高10~15厘米，具2片以上完整叶，并且种苗根茎基本上已经与母株分离，确保采取分苗时不会对母株和分蘖苗造成机械性损伤。采取分蘖苗时避免伤及母株茎部，以免影响下一次分蘖（图4-2）。

图4-2 斑兰根上的分蘖

4. 分蘖苗处理

（1）分蘖苗的分级

新采取的斑兰叶分蘖苗应按照壮、弱和长、短进行分级，长势一致的幼苗在同一区域育苗，方便管理。

（2）分蘖苗的处理

新采取的斑兰叶分蘖苗应保留分蘖苗顶部2~3片完整叶，修剪其余叶片长度至4~8厘米，修剪根系长度至3~5厘米。对分苗的叶片进行修剪，是为防止分蘖苗在离开母株后因叶片过多造成蒸腾作用过强进而导致分蘖苗失水死亡；对斑兰叶分蘖苗的根系进行修剪，能够更好地减少育苗期间的营养流失，促进新根系生长。

5. 分蘖苗育苗

（1）裸根苗育苗

裸根苗育苗是指种苗达到种植规格后，直接从苗圃中取苗进行定植的育苗方式，一般根系上仅保留少量土壤。斑兰叶裸根苗种入苗圃前，应使用高锰酸钾溶液、多菌灵稀释液或咪鲜胺稀释液浸泡5~10分钟，对伤口进行杀菌消毒。按5~10厘米的行距挖5~10厘米深的条状沟坑，按株距5厘米插入分蘖苗，覆砂土压实，覆土以刚好盖住分蘖苗茎部为宜。浇足定根水，做好遮阴。斑兰叶育苗期间根据基质湿润程度适时淋水，温度控制在25~30℃，空气湿度80%左右。

（2）袋装苗育苗

斑兰叶育苗袋育苗采用直径6.5厘米以上、高12厘米以上、底部有排水孔的育苗袋。育苗前应对育苗袋进行消毒，可用1%~2%次氯酸钠水溶液浸泡1小时后用清水冲洗干净。装袋时先将育苗袋装1/3育苗基质，再放入分蘖苗，最后用育苗基质填满育苗袋，并抖实袋中基质。分蘖苗装袋后，淋足定根水。斑兰叶育苗期间根据基质湿润程度适时淋水，温度控制在25~30℃，空气湿度80%左右。每5~7天检查一次种苗成活情况，及时查苗、补苗。

（3）生根剂在种苗生根中的使用

在斑兰叶育苗中为促进分蘖苗生根，可使用浓度为20毫克/升吲哚丁酸（IBA）溶液浸泡30~60分钟。

6. 分蘖苗的管理

斑兰叶种苗繁育适宜温度为25~30℃。低于25℃种苗生根慢、新叶抽生受影响，低于15℃种苗易受冻，严重时可导致死亡。温度过高容易导致种苗矮小，分蘖过旺，叶片短小。海南地区3—11月，广东地区4—10月，温度适宜，有利于分蘖苗生长（图4-3）。

斑兰叶分蘖苗苗期管理主要是控制水分。当空气湿度大于90%时，要及时通风散湿。

雨后及时排出积水,防止湿气滞留,湿度过大易造成种苗烂根。育苗30天后可喷施叶面肥。叶面肥推荐用量为5%(质量分数)速溶复合肥(15-15-15)和3%(质量分数)尿素配制的液态肥,喷施量以种苗叶片湿润为宜。苗期施肥1~2次。斑兰叶育苗期间如遇低温,育苗圃四周及顶部要覆盖薄膜,或在苗圃四周进行熏烟防寒,减少低温对斑兰叶种苗的影响。斑兰叶病虫害较少,一般育苗期间基本无病虫害发生,但偶有附近其他植物上的害虫迁飞危害的情况发生,可根据危害情况,适量使用杀虫剂。偶有茎腐病发生时,发病初期可选用77%氢氧化铜可湿性粉剂500倍液喷施叶片,每隔3天全苗圃喷药1次,连续喷药2~3次进行病害防治。

图4-3 分蘖幼苗

7. 炼苗

斑兰叶分蘖苗一般可以直接出圃种植,但为促进分蘖苗对新定植环境的适应,在出圃前可以通过揭开遮阳网、减少施肥、适当控水等措施对幼苗进行强行锻炼,缩短缓苗时间,增强对强光照、低温等的抵抗能力。分蘖苗出圃前14天停止施肥,逐渐揭开遮阳网,在9:00以前及16:00以后揭开遮阳网进行炼苗。出圃前7天全天揭开遮阳网进行炼苗。斑兰叶炼苗期间可喷灌1~2次。叶片呈淡绿色时即可出圃(图4-4)。

图4-4 炼苗

（二）组培苗繁育

组培苗繁育主要利用斑兰叶嫩芽的全能性，挑选优良母株幼嫩的分生组织作为外植体，在无菌和适宜培养条件下，通过愈伤组织、不定芽、不定根诱导及再生，批量培育斑兰叶种苗的方法，该方法具有子代保持亲本原有的优良品质、防止品种退化、节约经济成本、规模化生产的特点，是目前斑兰叶种苗繁育最受欢迎的方法。

1. 培养室的建立

培养室需设培养基配制室、培养基灭菌及储存室等前处理室，接种室、暗培养室、光培养室及炼苗室等室内培养设施，繁育大棚、阴棚等育苗圃等室外培养设施（图4-5）。

2. 组织培养前处理

（1）外植体选择

选择经济性状良好、植株健壮、无病虫害的优良母株老茎上2~3厘米的幼嫩分蘖芽作为外植体材料（图4-6）。

图4-5　组织培养室

（2）消毒处理

将采集的幼嫩分蘖芽剥去叶鞘和叶片，加入洗衣粉浸泡30分钟后，用自来水冲洗干净。处理好的幼嫩分蘖芽转入超净工作台中，在培养瓶内用75%酒精消毒30秒，立即用无菌水洗涤2次，再用无菌解剖刀和枪状镊子在接种盘上将其切成长1.0~1.5厘米的外植体，用20%次氯酸钠灭菌10分钟，用无菌水洗涤4~5次，沥干水分后，接种到培养基上。

图4-6　外植体选择和消毒

3. 组织培养室内培养

（1）愈伤组织诱导与增殖

将无菌的斑兰叶幼嫩分蘖芽分别接种在含6-苄腺嘌呤（BA，0.5~2.0毫克/升）或噻苯隆（TDZ，0.1~0.5毫克/升）的改良培养基上，进行愈伤组织诱导培养暗培养40~60天，可从幼侧芽基部获得愈伤组织。再将愈伤组织分别接种在含激动素（KT，0.5~1.0毫克/升）与2,4二氯苯氧乙酸（2,4D，0.5~2.0毫克/升）的改良培养基上，让愈伤组织进行胚性增殖，诱导出松散的胚性愈伤组织细胞团（图4-7）。

图4-7　单节茎段诱导培养

（2）丛生芽分化

选择生长状态良好、分化能力强的斑兰叶胚性愈伤组织，在含BA（1.0~2.5毫克/升）与萘乙酸（NAA，0.1~05毫克/升）的改良培养基上，光培养60~90天，可以分化得到丛生芽性强的愈伤组织。丛生芽具有旺盛的繁育能力，在对丛生芽进行分芽后，还能继续诱导产生新的芽与愈伤组织。因此分化出丛生芽是斑兰叶种苗组培快繁的关键步骤（图4-8、图4-9）。

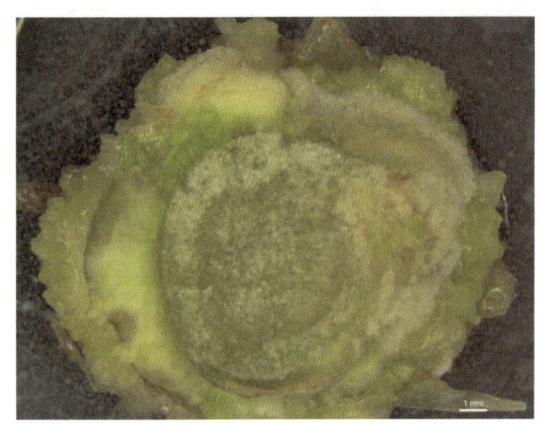

图4-8　萌芽

图4-9　芽伸长生长

（3）生根培养

根系是植物汲取营养用于生长发育的必要器官。生根培养是组织培养物分化成具有完整根茎叶组培苗的关键步骤，诱导出的根系决定着移栽成活率。在含NAA（0.5~1.0毫克/升）的改良培养基上，诱导斑兰叶丛生芽生根。生根培养中需要鉴别出真根系与假根系，有时发育不正常的假根系不属于丛生芽，无法为丛生芽吸收营养。利用BA（0.5~10毫克/升）浸泡组培苗根部30分钟后，生根效果也十分显著，并以肉质根为主（图4-10）。

图4-10　生根培养

4. 移栽炼苗

移栽炼苗是组培苗从生根培养移栽到育苗袋或者营养钵内进行壮苗的过程。先将斑兰叶组培苗根系上的培养基清洗干净，直接移栽到苗床上或育苗袋中，淋足定根水。移栽后应注意遮阴和避雨，根据基质湿润程度适时淋水，温度控制在25～30℃，空气湿度80%左右。每5～7天检查一次种苗成活情况，新根长出或抽出新叶，则组培苗已经移栽成功。在管理上要特别注意附近其他植物上的害虫迁飞危害的发生，可根据危害情况，适量使用杀虫剂。斑兰叶组培苗炼苗方法与分蘖苗炼苗方法相同（图4-11、图4-12）。

图4-11 组培幼苗

图4-12 移栽炼苗

（三）出圃

当斑兰叶种苗在苗圃里生长达到出圃标准时，应尽快出圃，以确保种苗定植成活率和质量，同时可减少种苗维护成本。种苗出圃时间最好与种植园定植期一致。出圃前需要先淋一次水，保证苗床湿润，防止起苗时伤根。出圃的种苗必须符合规格，品种纯正，有一定的高度和粗度。对弱小苗、病虫苗及根系受损严重的种苗应剔除。种苗在运输过程中，无论短途还是长途，都要妥善包装，尽量将损伤降到最低。

1. 出圃标准

（1）裸根苗出圃标准

种源来自经确认的优良斑兰叶单株，种苗纯度≥98%；出圃时具有完好的根茎叶，苗高>30厘米，茎粗>0.7厘米，具有大量须根，生长正常，叶色淡绿，无明显病虫害症状和机械损伤。分蘖苗苗龄2～6个月；组培苗12～16个月（图4-13）。

图4-13 裸根苗

（2）袋装苗出圃标准

种源来自经确认的优良斑兰叶单株，种苗纯度≥98%；出圃时育苗袋完好，育苗基质完整不松散，植株主干直立，苗高>25厘米，茎粗0.7厘米，生长正常，叶色淡绿，无明显病虫害症状和机械损伤。分蘖苗苗龄2～6个月；组培苗12～16个月。

2. 出圃苗包装、运输和贮存

斑兰叶裸根苗出圃前应浇透水，方便起苗。起苗后剪除病虫叶、老叶及穿袋的根系。全株用消毒液喷洒，晾干水分。将50～100株长势一致的扦插苗码成一捆，头尾方向一致。根系部分可裹上保水材料，最后在保水材料外面用疏松透气材料包裹，用软质绳子绑好。袋装苗在出圃前应逐渐减少荫蔽，进行炼苗。在大田定植园块荫蔽不足的植区，尤应如此。起苗前停止灌水，起苗后剪除穿袋的根系。每20～30株苗装一袋进行打包，即可直接运输。

斑兰叶种苗装卸过程应轻拿轻放，防止基质松散。在运输过程中应防止长时间堆积重压，尽量缩短运输时间。种苗在短途运输过程中应保持一定的湿度和通风透气，避免日晒、雨淋，遮盖遮阳网等遮阴材料；长途运输时应选用配备空调等控温设备的交通工具，温度控制在25℃左右，种苗分层叠放，不能挤压堆放，确保通风透气，并适时淋水保湿。

斑兰叶种苗出圃后应在当日装运，在运输装卸过程中，应注意防止种苗茎部和根部的损伤。运达目的地后，要及时卸苗，尽快定植。运达目的地后如短时间内无法定植，应将种苗置于阴凉处，避免烈日暴晒、堆放挤压，并适当淋水保持种苗湿润，确保种苗成活率。

二、林下间作斑兰叶模式

（一）林下经济产业经营模式

1. 林下经济产业经营优势

林下经济产业是指从事林下经济活动的产业。与单纯的农业、林业相比，林下经济产业有生态和经济的综合优势。我国农业和林业发展现在主要都是靠政府财政补贴，自身不能解决效益低下、生产周期长、市场适应力差的问题。而林下经济产业可利用农业、林业、旅游业等各产业的优势，达到取长补短、增产增值、经济发展和改善环境等综合效果。

林下间作斑兰叶模式是指充分利用林下土地资源，发挥林下空间优势，在进行林木种植的同时在林下间套种斑兰叶，是一种立体复合种植模式。林下间作斑兰叶模式能充分利用现有树林，自然生产条件适合，总体投入不大，且有政策、技术支持，经营管理风险小，市场前景好，经济效益好，是一种集成技术要求低、易复制、效益高的林下间作模式，能促进林业和斑兰叶两个产业互补、资源共享，形成现代农业，增加农民收入，打造和美乡村，助推地区乡村振兴。

2. 林下经济产业经营模式

我国林地面积大，由于气候、地理差异和生态系统的多样性，市场需求和经营个体等因素的影响，林下经济发展模式呈现多样化。林下经济产业模式是林区复合型生产模式的体现，包括林下种植模式、林下养殖模式、林下产品采集加工模式、森林景观利用模式和多元复合经营模式等经营模式。

（1）林下种植模式

林下种植模式是一种立体复合种植模式，就是充分利用林下土地资源，发挥林下空间优势，在进行林木种植的同时在林下间套种其他经济作物。林下种植模式是应用最广泛、发展最成熟的一种林下经济模式。林下种植模式主要包括林药模式、林粮模式、林菌模式、林草模式、林油模式、林花模式、林果模式、林菜模式、林苗模式、林茶模式等经营模式。

（2）林下养殖模式

林下养殖作为一种循环经济模式，以林地资源为依托，以科技为支撑，充分利用林下自然条件，选择适合林下养殖的家畜、家禽等种类，进行合理养殖。林下养殖模式主要包括林禽模式、林畜模式、林蜂模式、林渔模式、林特模式等经营模式。

（3）林下产品采集加工模式

林下产品采集加工是充分利用大自然为人类提供丰富资源，对森林中可利用的非木质资源进行的采集与加工活动。林下产品采集加工模式主要包括采集和加工野果、野菜、野生菌、茶饮料、香料、药材等林下产品的经营模式。

（4）森林景观利用模式

森林景观利用模式在培育森林的同时也为森林旅游业提供景观资源基础。通过合理规划建设和经营，将其变成如森林公园、自然保护区、风景名胜区、植物园、国有林场、森林狩猎场等，提供给旅游消费者。森林景观利用模式主要包括发展森林游览观光、森林康养、森林人家、林家乐、农家乐等经营模式。

（5）多元复合经营模式

多元复合经营模式是以林地资源为依托，以科技为支撑，充分利用林下自然条件，选择适合林下生长的微生物（菌类）和动植物种类，进行合理种植、养殖、利用等的循环经济模式。林下综合利用模式多种多样，有林农牧、林草牧、林农牧游、林草牧游等复合模式。

(二）橡胶林下间作斑兰叶模式

1. 模式简介

橡胶树[*Hevea brasiliensis* (Willd. ex A. Juss.) Muell. Arg.]，为大戟科橡胶树属乔木，原产于亚马孙森林。我国植胶区主要分布于海南、广东、广西、福建、云南等地区，台湾也可种植（图4-14）。橡胶树是重要的战略物资和工业原料，是我国种植面积最大的热带经济林，是热区农林经济的重要来源，具有重要的经济和战略价值。截至2022年，我国橡胶种植面积1 680万亩，占全球比重7.3%，是世界第四大植胶国。海南天然橡胶从业人员近80万人，涉及总人口230万人。

图4-14　橡胶林

橡胶林下间作斑兰叶模式是指将斑兰叶种植在橡胶树下空闲地块的一种种植模式（图4-15）。橡胶实生树的经济寿命为35～40年，芽接树为15～20年，生长寿命约60年。橡胶树非生产期较长，种植后一般需要5～7年才可以开始割胶。橡胶株行距较大，大多数为（2.5～4）米×（6～10）米，土地利用率不高，水土流失严重。传统橡胶种植模式荫蔽度60%～90%；空旷的大行间（约占胶园面积50%或以上）可供发展多种作（植）物生产。全周期间作模式胶园采用直立树形品种和宽窄行种植形式（株距2米，窄行行距4米，宽行行距16～20米）建立胶园，是一种利于发展林下种养多元化经营的新型胶园，可以在不显著降低橡胶产量的前提下重新配置林下光照、空间资源，有效地将割胶生产区和种养生产区隔离开来，在橡胶树龄20年后仍然保持林下透光率45%以上，土地利用率50%以上。

斑兰叶是橡胶林下间作的优势作物之一。橡胶林下间作

图4-15　橡胶林下间作斑兰叶模式

斑兰叶，不仅可充分利用林下闲置的光、热、水、土壤等自然资源，还可改善林间的光温条件和土壤结构，同时解决橡胶林非生产期长时间无产出的现状，使林地的长、中、短期效益有机结合，极大地增加林地附加值。据测算，橡胶林下间作斑兰叶示范基地年均亩产约1 000千克，新增产值4 950元/亩，纯收入2 184元/亩，成为热区特色林下经济致富产业和天然橡胶产业转型升级的"支点型"产业。该模式被列为海南十大天然橡胶林下经济发展模式之一。

2. 技术要点

（1）林地选择

林地区域地点：宜选择年平均温度21℃以上、少寒害、年降水量1 500～2 500毫米的区域；海拔400米以下的平地或缓坡地，灌溉排水比较方便的橡胶园。

林地种植形式：一般种植橡胶树450株/公顷左右最佳。新植橡胶园地采用宽窄行的种植形式，株距为2米×（窄行行距4米+宽行行距16～20米）建立全周期间作模式橡胶园。选择传统橡胶园株行距（2.5～4）米×（6～10）米时，应注意橡胶林下荫蔽度不宜过大，以70%以下荫蔽度为宜，50%～60%为最佳。

林地环境条件：选择环境生态条件良好、利于斑兰叶的生长的橡胶园，土层深厚、土质疏松、富含有机质的土壤较佳。微酸性的松土或含铁质的土壤，pH值以5.5～6.5为宜。有条件地进行产地的灌溉水和土壤质量检测，应符合NY/T 5010的要求。

（2）林下土地整理

土地清理：斑兰叶定植前20天清理橡胶林地上的杂草、树枝、石块，平整土地，翻耕土壤并暴晒，翻耕深度在20～25厘米。

开沟施基肥：施加底肥后进行翻松土地，基肥以有机肥为主，每亩施用有机肥500～1 000千克、复合肥30～50千克。

灌溉设施：在橡胶园结合斑兰叶种植铺设喷灌或滴灌设施，喷水范围应覆盖整个间作带。

（3）种苗选择

种苗来源：斑兰叶种苗采用组培苗或分蘖苗，组培苗采用脱毒健康种苗，苗高10～20厘米；分蘖苗采用根系健康发达种苗，苗高15～30厘米。大棚育苗移植前应将袋装苗露天晒30天为宜。

种苗标准：选择的斑兰叶种苗应具有完整的根系和两片以上的叶片，以保证其可在橡胶树行间的正常生长。

（4）种苗定植

种植密度：每亩橡胶林间作斑兰叶种苗1 000～1 200株，株行距（40～60）厘米×（40～80）厘米。橡胶林郁闭度小，斑兰叶定植规格宜小；郁闭度大，斑兰叶定植规格宜大。同时，根据橡胶园机械化操作方便适当调整株行距。

定植时间：斑兰叶种苗以4—9月定植为宜。

定植方法：定植时去除斑兰叶育苗容器，种苗放入植穴，可去掉50%～65%的叶片，定植深度以斑兰叶种苗根团离地面5～10厘米为宜，回土扶正，压实。定植后灌透定根水。

（5）田间管理

田间灌溉：小苗期温度大于35℃，每两天灌溉1次；采收期定期对斑兰叶浇水，旱季每周1～2次，雨季每月浇水1～2次，灌溉以清晨或者下午为宜。宜采用水肥一体化，通过管道和滴头形成滴灌，可以对水量进行有效利用，进而提高斑兰叶的成活率。

田间除草：定期采用人工或机械对橡胶林下间作斑兰叶种植地除草，对间作带每月除草1～2次。

田间施肥：小苗期以生物肥或有机肥为主，每株使用复合微生物液体菌肥50克，每月施肥2次。定植后6～8个月宜追肥1次。每亩追施尿素15～20千克，每株使用复合微生物液体菌肥100～150克。采收期以有机肥或复合肥为主，化肥为辅，每年施肥2～3次。每亩每次施有机肥100～150千克或尿素25～30千克，雨后撒施或撒施后灌水，或者每株施用复合微生物菌肥100～150克。

灾害天气防范：重点做好斑兰叶寒害和台风灾害防治，根据所在地区寒害和台风灾害情况，采取提高土壤含水量和地温、施钾肥等相应的防寒措施，排出积水、修剪林木枝条、灾后土壤消毒防病等相应的台风灾害防治措施。

（6）病虫害防治

病虫害种类：橡胶树病害以白粉病、炭疽病和根病为主，橡胶树虫害以叶螨和小蠹虫为主。斑兰叶的主要病害有茎腐病、拟茎点霉属叶斑病和拟盘多毛孢属叶斑病，主要害虫有斜纹夜蛾、蝗虫和蜗牛等。

防治方法：斑兰叶病虫害防治应结合橡胶树病虫害防治，采取综合运用防治技术，优先采用农业防治、物理防治和生物防治措施，科学安全使用药剂防治技术，严禁使用国家和地方禁止使用的农药种类。

农业防治重点加强斑兰叶种苗检疫，及时排出田间积水，防止检疫性病害蔓延，减少病菌滋生条件。物理防治采用人工捏除斑兰叶斜纹夜蛾幼虫，或摘除虫卵块。生物防治采用复合微生物菌肥开展斑兰叶以菌治虫。药剂防治采用无人机喷洒或人工喷洒斑兰叶，按GB/T 8321（所有部分）和NY/T 1276的规定执行。

（7）鲜叶采收

采收方法：斑兰叶叶片长度达40厘米即可采收，采收植株顶部第4片以下斑兰叶鲜叶，并做好分拣整理工作，每捆约10千克。鲜叶采收宜采用半机械电动割叶刀采收，以提高劳动生产率。

采收次数：根据橡胶林下斑兰叶长势情况采收，4—9月，每45~60天可采收1次；9月至翌年2月，每60~70天可采收1次。每年可采收5~6次。

运输与保藏：采收的斑兰叶鲜叶24小时内运往加工厂或销售地点或冷库保藏，及时进行初加工或使用。

（三）槟榔林下间作斑兰叶模式

1. 模式简介

槟榔（*Areca catechu* L.）为棕榈科槟榔属常绿乔木，原产马来西亚，亚洲热带地区广泛栽培，中国主要分布海南、台湾、福建、广东、广西等热带地区（图4-16）。槟榔为我国四大南药之一，属温湿热型阳性植物，喜高温、雨量充沛湿润的气候环境。槟榔无主根而须根发达，属于浅根系植物，树干挺直而不分枝，树冠小。我国已跃升为世界第二大槟榔生产国，仅次于印度。国内槟榔的主产区在海南，产量占中国总产量的95%以上。截至2022年，槟榔种植面积258万亩，已成为海南省东部、中部和南部山区200多万农民的主要经济来源，在海南乡村振兴中发挥着举足轻重的作用。

图4-16 槟榔林

槟榔林下间作斑兰叶模式是指将斑兰叶种植在槟榔树下空闲地块的一种种植模式（图4-17）。槟榔一般种植后7~8年开花结果，在管理较佳的情况下4~5年开花结果，10年后达盛产期，盛果期达20~30年，经济寿命达60年以上。在槟榔幼龄期不仅没有经济收入，而且还会浪费大量的土、热、光资源以及田间除草等费用，槟榔每公顷可种植1 500~2 000株，株行距一般为（1.5~3）米×（1.5~3）米，宽大的株行距为林下间作提供了有利条件。槟榔林荫蔽度为30%~40%,随着长高逐步减少,该荫蔽度非常适合林下间作斑兰叶。

斑兰叶是槟榔林下间作的优势作物之一。将斑兰叶种植于槟榔林下,可以显著改善土壤微生物数量和结构,提高土壤pH值、有机质、土壤速效养分含量,促进槟榔和斑兰叶的生长。据测算,槟榔林下间作斑兰叶示范基地年均亩产约

图4-17 槟榔林下间作斑兰叶模式

1 600千克,新增产值达8 000元/亩,带动当地老百姓增收致富,经济、生态和社会效益显著。斑兰叶逐渐成为槟榔林下间作的作物首选之一,槟榔林下间作斑兰叶模式是一种比较效益突出的热带林下间作模式。

2. 技术要点

(1)林地选择

林地区域地点:宜选择年平均温度21℃以上、少寒害、年降水量1 500~2 500毫米的区域;海拔400米以下的平地或缓坡地,灌溉排水比较方便的槟榔园。

林地种植形式:槟榔林种植株行距一般为(1.5~3)米×(1.5~3)米,荫蔽度为30%~40%,对斑兰叶影响不大,种植年限为5年以上的槟榔地间作斑兰叶较佳。

林地环境条件:选择环境生态条件良好、利于斑兰叶生长的槟榔园,土层深厚、土质疏松、富含有机质的土壤较佳。微酸性的松土或含铁质的土壤,pH值以5.5~6.5为宜。有条件地进行产地的灌溉水和土壤质量检测,应符合NY/T 5010的要求。

(2)林下土地整理

土地清理:定植前20天清理槟榔林地上的杂草、树枝、石块,平整土地,翻耕土壤并暴晒,翻耕深度在20~25厘米。

开沟施基肥:施加底肥后进行翻松土地,基肥以有机肥为主,每亩施用有机肥500~1 000千克、复合肥30~50千克;根据实际调节土壤pH值至6,提供适宜斑兰叶生长的环境。

灌溉设施:在槟榔园结合槟榔和斑兰叶种植铺设喷灌或滴灌设施,喷水范围应覆盖整个间作带。

(3)种苗选择

种苗来源:斑兰叶种苗采用组培苗或分蘖苗,组培苗采用脱毒健康种苗,苗高10~20

厘米；分蘖苗采用根系健康发达种苗，苗高15～30厘米。大棚育苗移植前应将袋装苗露天晒30天为宜。

种苗标准：选择的斑兰叶种苗应具有完整的根系和2片以上的叶片，以保证其可在槟榔行间的正常生长。

（4）种苗定植

种植密度：每亩槟榔林间作斑兰叶种苗1 600～2 000株，株行距（40～60）厘米×（40～60）厘米。槟榔林荫蔽度小，斑兰叶定植规格宜小；荫蔽度大，斑兰叶定植规格宜大。同时，根据槟榔园机械化操作方便适当调整株行距。

定植时间：斑兰叶种苗以4—9月定植为宜。

定植方法：定植时去除斑兰叶育苗容器，种苗放入植穴，可去掉50%～65%的叶片，定植深度以斑兰叶种苗根团离地面5～10厘米为宜，回土扶正，压实。定植后灌透定根水。

（5）田间管理

田间灌溉：在斑兰叶定植1周内灌溉3～5次，1周后每5～7天灌溉1次。宜采用水肥一体化，通过管道和滴头形成滴灌，可以对水量进行有效利用，进而提高斑兰叶的成活率。

田间除草：定期人工或采用机械对槟榔林下间作斑兰叶种植地除草，对间作带每月除草1～2次。同时，适当进行松土作业，改善斑兰叶土壤通气性和保水性。

田间施肥：斑兰叶小苗期以生物肥或有机肥为主，施微生物菌肥，可以促进斑兰叶根系的生长，提高斑兰叶的成活率，另外其根系分泌物还可能对土壤磷进行转化和利用，进而提高土壤速效磷含量，提升土壤养分，有利于槟榔和斑兰叶的生长。

斑兰叶采收期以有机肥或复合肥为主，微生物菌肥和化肥为辅，每年施肥2～3次。施微生物菌肥可以避免斑兰叶的叶片出现变黄、下垂现象，增强斑兰叶叶片的挥发性化合物的含量，提高其应用价值。

灾害天气防范：重点做好斑兰叶寒害和台风灾害防治，根据所在地区寒害和台风灾害情况，采取提高土壤含水量和地温，施钾肥等相应的防寒措施，排出积水、修剪林木枝条、灾后土壤消毒防病等相应的台风灾害防治措施。

（6）病虫害防治

病虫害种类：槟榔的主要病害有黄化病、炭疽病、细菌性条斑病、褐斑病、煤烟病、鞘腐病、茎腐病、根腐病，主要害虫有红脉穗螟、椰心叶甲、介壳虫、螨类、红棕象甲。斑兰叶的主要病害有茎腐病、拟茎点霉属叶斑病和拟盘多毛孢属叶斑病，主要害虫有斜纹夜蛾、蝗虫和蜗牛等。

防治方法：斑兰叶病虫害防治遵循"预防为主、综合防治"的植保工作方针，应结合槟榔树病虫害防治来协调运用综合防治技术，优先采用农业防治、物理防治和生物防治措施，科学安全使用药剂防治技术，严禁使用国家和地方禁止使用的农药种类。

农业防治重点加强斑兰叶种苗检疫，及时排出田间积水，防止检疫性病害蔓延，减少病菌滋生条件。物理防治采用人工捏除斑兰叶斜纹夜蛾幼虫，或摘除虫卵块。生物防治采用复合微生物菌肥开展斑兰叶以菌治虫。药剂防治采用无人机喷洒或人工喷洒斑兰叶，按GB/T 8321（所有部分）和NY/T 1276的规定执行。

（7）鲜叶采收

采收方法：斑兰叶叶片长度达40厘米即可采收，采收植株顶部第4片以下斑兰叶鲜叶，并做好分拣整理工作，每捆约10千克。鲜叶采收宜采用半机械电动割叶刀采收，以提高劳动生产率。

采收次数：根据槟榔林下斑兰叶长势情况采收，4—9月，每45~60天可采收1次；9月至翌年2月，每60~70天可采收1次。每年可采收6~7次。

运输与保藏：采收的斑兰叶鲜叶24小时内运往加工厂、销售地点或冷库保藏，及时进行初加工或使用。

（四）椰子林下间作斑兰叶模式

1. 模式简介

椰子（*Cocos nucifera* L.）为棕榈科椰子属乔木，原产于亚洲东南部、印度尼西亚至太平洋群岛，中国广东南部诸岛及雷州半岛、海南、台湾及云南南部热带地区均有栽培（图4-18）。椰子树形高大，树干笔直、无分枝，冠幅蓬型，叶片疏松、占据空间较小、通风透光，太阳辐射光有相当部分可以透过叶层及株间到达地面。椰子是典型的热带经济作物，海南省椰子种植面积占全国的99%，是中国椰子的主产地。据统计，截至2020年，海南全省有椰子林面积51.79万亩，其中块状面积39.8万亩，房前屋后零散种植的有11.99万亩。涉及椰子种植户28万多户，114万人。

图4-18　椰子林

椰子林下间作斑兰叶模式是指将斑兰叶种植在椰子树下空闲地块的一种种植模式（图4-19）。高种椰子植株高15~30米，7~8年开始结果，经济寿命70~80年；矮种椰子植株高5~15米，3~4年开始结果，经济寿命30~40年。椰子株行距一般为（6~7）米×（8~9）米，宽大的株行距为椰子林下间作提供了条件。椰子林荫蔽度一般为30%~50%，该荫蔽度非常适合林下间作斑兰叶。

斑兰叶是椰子林下间作的优势作物之一。据测算，椰子林下间作斑兰叶示范基地年均亩产约1 200千克，新增产值6 000元以上/亩，带动当地老百姓增收致富，经济、生态和社会效益显著。斑兰叶逐渐成为椰子林下间作的优势作物之一，椰子林下间作斑兰叶模式亦是一种比较效益突出的热带林下间作模式。

图4-19　椰子林下间作斑兰叶模式

2. 技术要点

（1）林地选择

林地区域地点：宜选择年平均温度21℃以上、少寒害、年降水量1 500~2 500毫米的区域；海拔400米以下的平地或缓坡地，灌溉排水比较方便的椰子园。

林地种植形式：椰子林种植株行距为（6~7）米×（8~9）米，荫蔽度为30%~50%，对斑兰叶影响不大，种植年限为3年以上的椰子地间作斑兰叶较佳。

林地环境条件：选择环境生态条件良好、利于斑兰叶的生长的椰子园，土层深厚、土质疏松、富含有机质的土壤较佳。微酸性的松土或含铁质的土壤，pH值以5.5~6.5为宜。有条件地进行产地的灌溉水和土壤质量检测，应符合NY/T 5010的要求。

（2）林下土地整理

土地清理：定植前20天清理椰子林地上的杂草、树枝、石块，平整土地，翻耕土壤并暴晒，翻耕深度在20~25厘米。

开沟施基肥：施加底肥后进行翻松土地，基肥以有机肥为主，每亩施用有机肥500~1 000千克、复合肥30~50千克；根据实际调节上壤pH值至6，提供适宜斑兰叶的生长环境。

灌溉设施：在椰子园结合椰子和斑兰叶种植铺设喷灌或滴灌设施，喷水范围应覆盖整个间作带。

（3）种苗选择

种苗来源：斑兰叶种苗采用组培苗或分蘖苗，组培苗采用脱毒健康种苗，苗高10～20厘米；分蘖苗采用根系健康发达种苗，苗高15～30厘米。大棚育苗移植前应将袋装苗露天晒30天为宜。

种苗标准：选择的斑兰叶种苗应具有完整的根系和2片以上的叶片，以保证其可在椰子行间的正常生长。

（4）种苗定植

种植密度：每亩椰子林下间作斑兰叶种苗1 200～1 600株，株行距（40～60）厘米×（40～60）厘米。椰子林荫蔽度小，斑兰叶定植规格宜小；荫蔽度大，斑兰叶定植规格宜大。同时根据椰园机械化操作方便适当调整株行距。

定植时间：斑兰叶种苗以4—9月定植为宜。

定植方法：定植时去除斑兰叶育苗容器，种苗放入植穴，可去掉50%～65%的叶片，定植深度以斑兰叶种苗根团离地面5～10厘米为宜，回土扶正，压实。定植后灌透定根水。

（5）田间管理

田间灌溉：在斑兰叶定植1周内灌溉3～5次，1周后每5～7天灌溉1次。宜采用水肥一体化，通过管道和滴头形成滴灌，可以对水量进行有效利用，进而提高斑兰叶的成活率。

田间除草：定期采用人工或机械对椰子林下间作斑兰叶种植地除草，对间作带每月除草1～2次。同时，适当进行松土作业，改善斑兰叶土壤通气性和保水性。

田间施肥：斑兰叶小苗期以生物肥或有机肥为主，施微生物菌肥，可以促进斑兰叶根系的生长，提高斑兰叶的成活率，另外其根系分泌物还可能对土壤磷进行转化和利用，进而提高土壤速效磷含量，提升土壤养分，有利于椰子和斑兰叶的生长。

斑兰叶采收期以有机肥或复合肥为主，微生物菌肥和化肥为辅，每年施肥2～3次。施微生物菌肥可以避免斑兰叶叶片出现变黄、下垂现象，增强斑兰叶叶片挥发性化合物的含量，提高其应用价值。

灾害天气防范：重点做好斑兰叶寒害和台风灾害防治，根据所在地区寒害和台风灾害情况，采取提高土壤含水量和地温、施钾肥等相应的防寒措施，排出积水、修剪林木枝条、灾后土壤消毒防病等相应的台风灾害防治措施。

（6）病虫害防治

病虫害种类：椰子的主要病害有黄化病、灰斑病、芽腐病、椰茎干泻血病，主要害虫有椰心叶甲、红棕象甲。斑兰叶的主要病害有茎腐病、拟茎点霉属叶斑病和拟盘多毛孢属叶斑病，主要害虫有斜纹夜蛾、蝗虫和蜗牛等。

防治方法：斑兰叶病虫害防治遵循"预防为主、综合防治"的植保工作方针，结合椰子树病虫害防治来协调运用综合防治技术，优先采用农业防治、物理防治和生物防治措施,科学安全使用药剂防治技术,严禁使用国家和地方禁止使用的农药种类。

农业防治重点加强斑兰叶种苗检疫,及时排出田间积水,防止检疫性病害蔓延,减少病菌滋生条件。物理防治采用人工捏除斑兰叶斜纹夜蛾幼虫,或摘除虫卵块。生物防治采用复合微生物菌肥开展斑兰叶以菌治虫。药剂防治采用无人机喷洒或人工喷洒斑兰叶,按GB/T 8321(所有部分)和NY/T 1276的规定执行。

(7)鲜叶采收

采收方法:斑兰叶叶片长度达40厘米即可采收,采收植株顶部第4片以下斑兰叶鲜叶,并做好分拣整理工作,每捆约10千克。鲜叶采收宜采用半机械电动割叶刀采收,以提高劳动生产率。

采收次数:根据椰子林下斑兰叶长势情况采收,4—9月,每45~60天可采收1次;9月至翌年2月,每60~70天可采收1次。每年可采收6~7次。

运输与保藏:采收的斑兰叶鲜叶24小时内运往加工厂或销售地点或冷库保藏,及时进行初加工或使用。

(五)香蕉林下间作斑兰叶模式

1. 模式简介

香蕉(*Musa nana* Lour.)为芭蕉科芭蕉属大型草本植物,原产亚洲东南部,中国台湾、海南、广东、广西等地区均有栽培(图4-20)。香蕉是重要的粮食作物和经济作物,果肉香甜软滑,因含有的泛酸能解除忧郁而称为"快乐水果",又因含有丰富的磷、蛋白质、糖、钾、维生素A和维生素C,被称为"智慧之果"。香蕉是中国种植面积最大、产量最高的热带水果。我国香蕉种植面积达38万公顷,产量达1 180多万吨。中国已成为世界第二大香蕉生产国,也是全球香蕉的主要消费国。

图4-20 香蕉林

香蕉林下间作斑兰叶模式是指将斑兰叶种植在香蕉树下空闲地块的一种种植模式（图4-21）。香蕉是一种多年生植物，一个好的香蕉园可以维持8~12年。香蕉植株一般高2~4米，香蕉种植模式有矩形种植模式、正三角种植模式、双株种植模式和宽窄行种植模式。传统种植香蕉株行距一般为1.7米×2.2米或1.7米×2.6米；宽窄行种植香蕉株行距一般为4米×2米，行间可以与作物间作。一般以植株高度来确定种植密度，株高1.5米时，每亩种220株，株高1.8米时，每亩种190株。传统香蕉林荫蔽度一般为30%~40%，该荫蔽度适合林下间作斑兰叶，以宽窄行种植蕉园林下间作最佳。

斑兰叶也是香蕉林下间作的优势作物之一。香蕉林下间作斑兰叶可提高香蕉园光、热、水、土等资源利用率，香蕉树的根系较深，斑兰叶的浅根系可有效利用表层土壤养分，两者根系层次错开，减少竞争，充分利用土壤资源；另外，斑兰叶与香蕉的共生共荣可以促进土壤肥力的提高和生态环境的改善。据测算，香蕉林下间作斑兰叶示范基地年均亩产约1 100千克，新增产值5 500元以上/亩，助力蕉农增收，农业增效。林下间作斑兰叶模式是一种比较效益较好的热带林下间作模式。

图4-21　香蕉林下间作斑兰叶模式

2. 技术要点

（1）林地选择

林地区域地点：宜选择年平均温度21℃以上、少寒害、年降水量1 500~2 500毫米的区域；海拔400米以下的平地或缓坡地香蕉园，灌溉排水比较方便。

林地种植形式：香蕉种植密度和荫蔽度对斑兰叶影响较大，新种植的采取宽窄行模式香蕉地间作斑兰叶较佳；传统种植香蕉园应选择密度和荫蔽度少的园区套种斑兰叶；宽窄行种植香蕉园4米×2米套种斑兰叶最佳。

林地环境条件：选择环境生态条件良好、利于斑兰叶生长的香蕉园，土层深厚、土质疏松、富含有机质的土壤较佳。微酸性的松土或含铁质的土壤，pH值以5.5~6.5为宜。有条件地进行产地的灌溉水和土壤质量检测，应符合NY/T 5010的要求。

（2）林下土地整理

土地清理：定植前20天清理香蕉林地上的杂草，平整土地，翻耕土壤并暴晒，翻耕深度在20~25厘米。

开沟施基肥：对土壤进行深翻，并施加基肥。基肥混合土包括以下原料：基肥5份、砂土30份、腐殖土30份以及香蕉枝叶粉碎物50份。每亩施用有机肥1 000~1 200千克，提高土壤肥力和透气性；根据实际调节土壤pH值至6，提供适宜斑兰叶的生长环境。

灌溉设施：在香蕉园结合香蕉和斑兰叶种植铺设喷灌或滴灌设施，喷水范围应覆盖整个间作带。

（3）种苗选择

种苗来源：斑兰叶种苗采用组培苗或分蘖苗，组培苗采用脱毒健康种苗，苗高10~20厘米；分蘖苗采用根系健康发达种苗，苗高15~30厘米。大棚育苗移植前应将袋装苗露天晒30天为宜。

种苗标准：选择的斑兰叶种苗应具有完整的根系和2片以上的叶片，以保证其可在香蕉行间的正常生长。

（4）种苗定植

种植密度：每亩香蕉套作斑兰叶种苗1 000~1 400株，株行距（40~60）厘米×（40~60）厘米。香蕉荫蔽度小，斑兰叶定植规格宜小；荫蔽度大，斑兰叶定植规格宜大。同时根据椰园机械化操作方便适当调整株行距。宽窄行种植香蕉园，在香蕉宽行的行间种植斑兰叶，留出香蕉窄行的行间操作机械。

定植时间：斑兰叶种苗以4—9月定植为宜。

定植方法：定植时去除斑兰叶育苗容器，种苗放入植穴，可去掉50%~65%的叶片，定植深度以斑兰叶种苗根团离地面5~10厘米为宜，回土扶正，压实。定植后灌透定根水。

（5）田间管理

灌溉：在斑兰叶定植1周内灌溉3~5次，1周后每5~7天灌溉1次。宜采用水肥一体化，通过管道和滴头形成滴灌，可以对水量进行有效利用，进而提高斑兰叶的成活率。

除草：定期采用人工或机械对斑兰叶种植地除草，对间作带每月除草1~2次。同时，适当进行松土作业，改善斑兰叶土壤通气性和保水性。

施肥：斑兰叶小苗期以生物肥或有机肥为主，结合香蕉一同施微生物菌肥，可以促进斑兰叶根系的生长，提高斑兰叶的成活率，另外其根系分泌物还可能对土壤磷进行转化和利用，进而提高土壤速效磷含量，提升土壤养分，有利于香蕉和斑兰叶的生长。

斑兰叶收获期继续以生物肥或有机肥为主，每月对斑兰叶喷施含有生物菌剂的叶面肥一次，以提高土壤肥力，增加斑兰叶叶片的挥发性化合物的含量。施用微生物菌肥时需要加水稀释至0.6%，喷施量以叶面湿润但无肥液滴下为宜。

灾害天气防范：重点做好斑兰叶寒害和台风灾害防治，根据所在地区寒害和台风灾害情况，采取提高土壤含水量和地温、施钾肥等相应的防寒措施，排出积水、修剪林木枝条、灾后土壤消毒防病等相应的台风灾害防治措施。

（6）病虫害防治

病虫害种类：香蕉的主要病害有枯萎病、叶斑病、黑星病、炭疽病、鞘腐病、软腐病、束顶病、花叶心腐病，主要害虫有根结线虫、斜纹夜蛾、象甲、交脉蚜、蓟马等。斑兰叶的主要病害有茎腐病、拟茎点霉属叶斑病和拟盘多毛孢属叶斑病，主要害虫有斜纹夜蛾、蝗虫和蜗牛等。

防治方法：斑兰叶病虫害防治遵循"预防为主、综合防治"的植保工作方针，结合香蕉树病虫害防治来协调运用综合防治技术，优先采用农业防治、物理防治和生物防治措施，科学安全使用药剂防治技术，严禁使用国家和地方禁止使用的农药种类。

农业防治重点加强斑兰叶种苗检疫，及时排出田间积水，防止检疫性病害蔓延，减少病菌滋生条件。物理防治采用人工捏除斑兰叶斜纹夜蛾幼虫，或摘除虫卵块。生物防治采用复合微生物菌肥开展斑兰叶以菌治虫。药剂防治采用无人机喷洒或人工喷洒斑兰叶，按GB/T 8321（所有部分）和NY/T 1276的规定执行。

（7）鲜叶采收

采收方法：斑兰叶叶片长度达40厘米即可采收，采收植株顶部第4片以下斑兰叶鲜叶，并做好分拣整理工作，每捆约10千克。鲜叶采收宜采用半机械电动割叶刀采收，以提高劳动生产率。

采收次数：根据香蕉林下斑兰叶长势情况采收，4—9月，每45~60天可采收1次；9月至翌年2月，每60~70天可采收1次。每年可采收6~7次。

运输与保藏：采收的斑兰叶鲜叶24小时内运往加工厂或销售地点或冷库保藏，及时进行初加工或使用。

（六）其他林下间作斑兰叶模式

1. 柚子林下间作斑兰叶模式

柚子林下间作斑兰叶模式是指将斑兰叶种植在柚子树下空闲地块的一种种植模式（图4-22）。

图4-22　柚子林下间作斑兰叶模式

2. 波罗蜜林下间作斑兰叶模式

波罗蜜林下间作斑兰叶模式是指将斑兰叶种植在波罗蜜树下空闲地块的一种种植模式（图4-23）。

图4-23　波罗蜜林下间作斑兰叶模式

三、光伏下间作斑兰叶模式

（一）光伏农业经营模式

1. 光伏农业经营优势

在全球能源转型和农业现代化的双重推动下，光伏+农业（即"光伏农业"）的融合模式崭露头角。这种创新的组合不仅为清洁能源的生产开辟了新路径，也为现代农业的发展提供了新动力。光伏农业通过在农田上方安装光伏板，将土地的双重利用最大化，实现了能源和农业的双赢局面。光伏农业的理念正是为了实现一地多用，提高单位土地产出率，将农业经营设施（或单元）的基础上科学设计、合理嫁接光伏的经营模式，利用光伏发电与农业种植相结合的模式，将太阳能辐射分为植物需要的光能和用于太阳能发电的光能，既贡献大量的清洁能源，又助力农业高效产出。

光伏农业主要优势主要体现为以下几点。

一是实现土地资源双重利用。光伏农业项目通过在农业用地上安装光伏发电系统，实现土地资源的双重利用，既能进行农业生产，又能发电增加收益。有效缓解农业和光伏发电对土地资源的竞争压力，不仅能够节约土地资源，而且有利于发展现代农业。

二是提高经济效益。农民或土地所有者可以获得农业收入和光伏发电收入，双重收益，提高整体经济效益。通过多元化经营降低单一产业的市场风险。与传统大棚相比，光伏农业大棚使用寿命能达到25年，可以四季种植，比传统大棚薄膜节省成本。

三是改善生态环境。光伏发电是一种清洁能源，减少了化石燃料的使用，有助于降低碳排放和温室气体排放。光伏板可以为作物遮阴，减少水分蒸发，保护土壤水分，减轻土壤侵蚀。

四是提高能源自给自足。光伏发电系统可以为农业生产提供稳定的电力供应，特别是在偏远或电网覆盖不足的地区。光伏发电减少对外部能源的依赖，提高能源安全性。

五是促进农业现代化。利用光伏系统产生的电力支持智能农业设备，如传感器、自动灌溉系统等，提升农业生产的智能化和自动化水平。通过数据采集和分析，提高农业生产的精细化管理水平。

2. 光伏农业经营模式

目前光伏农业主要有四大模式，即光伏种植、光伏养殖、光伏水利、光伏村舍，具体包括蔬菜（瓜果）光伏、药材光伏、菌菇光伏、苗木光伏、畜禽（牧业）光伏、渔业光伏、生态光伏、水利光伏等。在光伏行业快速发展的浪潮下，光伏农业扮演着重要的角色，具有广阔的发展前景。

①光伏+蔬菜/水果模式。将棚顶光伏发电和棚下农业种植有机结合，带动农业产业转型升级。农作物方面，可以种植航天蔬菜或者是喜阴植物，这类项目也可以做一些旅游农业。

②光伏+药材模式。在一些地方种一些中药材，这些药材都可以跟光伏农业模式很好地结合，部分喜阴中药材适合在阴冷潮湿的山区地方种植。

③光伏+菌菇模式。在空地种植速生植物，对废弃资源循环利用，解决大量固体废弃

菌包的环境压力。如光伏下栽培猪肚菇、红托竹荪、灵芝、虎奶菇、秀珍菇、姬菇、猪肚菇、黑皮鸡枞等耐高温可食用菌品种。

④光伏+苗木模式。苗木就是常见的园艺、林木、果树，国家林业和草原局对林业政策适当放开也提供了一定的空间。这种模式下，适宜种植于弱光型、阴阳型花卉苗木光伏大棚，封闭式、敞开式光伏农业大棚。

⑤光伏+养殖业模式。光伏加养殖业，可以是放养，也可以搭建养殖棚，养殖羊、猪、鸡、奶牛、肉牛、野兔等。

⑥光伏+渔业模式。利用鱼塘广阔的面积，在上面安装太阳能电池板来发电，光伏组件立体布置于水面上方，下面水产养殖，一地两用，利润比单纯水产养殖大幅度提高。渔光互补的主要分类有封闭式、开放式、漂浮式和跨越式。一般建设在湖泊、河、池塘、溪、煤矿塌陷区，稻田养鱼等地区。

⑦光伏+生态模式。利用荒山荒坡、盐碱地、废弃煤矿区等闲置土地，开发生态光伏，建设光伏电站，可以实现环保、经济效益双丰收，同时还能使这些废弃土地得到休养生息，一举多得。

⑧光伏+水利模式。偏远农村，尤其是山区、海岛，在解决生产、生活用电的同时，推动农村机电排灌、节水灌溉等现代农田水利技术的发展，以实现节省人力、财力、物力、电力的目的。光伏水利涉及的领域或技术有光伏提水系统（或称光伏扬水系统）、农田排灌、节水灌溉及其控制系统，以及光伏生活用水、光伏海水淡化、光伏污水处理等，领域十分广泛。

（二）光伏下间作斑兰叶模式

光伏下间作斑兰叶模式是指将斑兰叶种植在光伏下空闲地块的一种种植模式（图4-24）。斑兰叶适合于半荫蔽环境下种植，光伏下种植斑兰叶是一种新型的"现代农业+光伏"绿色可持续发展模式，光伏大棚可以满足斑兰叶生长的基本需求，同时还能实现光照资源、土地资源的高效利用，可以显著提高农用地生产效益，也可以为村民提供就业机会，促进现代化农业发展与转型，实现"1+1>2"的效果。进入大棚的阳光为投影面积的50%左右，该荫蔽度适合林下间作斑兰叶，以光伏板列阵行距1.5~3米，组件最低距离地面1.5~3米间作斑兰叶最佳。

斑兰叶是光伏下间作的优势作物之一。据测算，光伏下间作斑兰叶示范基地年均亩产约1 200千克，新增产值超过6 000元/亩。光伏下间作斑兰叶模式是一种效益较好的光伏农业间作模式。

图4-24 光伏下间作斑兰叶模式

（三）技术要点

（1）用地选择

光伏农业区域：宜选择年平均气温21℃以上、少寒害、年降水量1 500~2 500毫米的区域光伏农业用地。如温度低于5℃，会发生冻害，温度高于35℃也会影响斑叶兰的正常生长。

光伏农业地点：宜选择海拔400米以下、交通便利、灌溉排水方便的平地或缓坡地安装光伏，避免选择有大坡度或倾斜的地方，利于机械进出、安装喷灌系统，节约劳动和生产成本。

光伏农业环境：选择环境生态条件良好、利于斑兰叶的生长的光伏用地，土层深厚、土质疏松、富含有机质的土壤较佳。微酸性的松土或含铁质的土壤，pH值以5.5~6.5为宜。有条件地进行产地的灌溉水和土壤质量检测，应符合NY/T 5010的要求。

（2）光伏选择

光伏安装：综合考虑光伏列阵的排布方式、安装高度、角度调节、风荷载等因素，确保系统的安全性和发电效率。同时需要考虑斑兰叶的光照需求，合理调整光伏板的间距和倾角，保证作物的正常生长。

光伏标准：光伏板列阵行距大于1.5米，组件最低距离地面大于1.5米可间作斑兰叶。光伏板大棚以架高式光伏板、透光性更好的双玻或薄膜组件为宜，方便机械运作，满足光照需求，以免影响光伏板太阳能的收集效率和农事操作。

(3）园地整理

土地清理：斑兰叶定植前20天清理光伏农业用地上的杂草、树枝、石块，平整土地，土翻耕壤并暴晒，翻耕深度在20~25厘米。

施底肥：整地时施基肥，基肥以有机肥为主。每亩地施用有机肥500~1 000千克、复合肥30~50千克。基肥于翻地前均匀撒施于土壤表面。

铺设灌溉设施：宜在间作行上或行间纵向平铺一条微喷带或滴灌，孔口朝上。可根据间作板行宽大小在行间增加1条微喷带或滴灌，避免水分对光伏组件造成损害。

（4）种苗选择

种苗来源：斑兰叶种苗采用组培苗或分蘖苗，组培苗采用脱毒健康种苗，苗高10~20厘米；分蘖苗采用根系健康发达种苗，苗高15~30厘米。大棚育苗移植前应将袋装苗露天晒30天为宜。

种苗标准：选择的斑兰叶种苗应具有完整的根系和2片以上的叶片，以保证其在光伏行间的正常生长。

（5）种苗定植

种植密度：光伏下定植斑兰叶1 200~2 000株/亩，株行距40厘米×（40~80）厘米为宜。光伏荫蔽度小，斑兰叶定植规格宜小；荫蔽度大，斑兰叶定植规格宜大。同时，根据园区机械化操作方便适当调整斑兰叶株行距。

定植时间：斑兰叶种苗以4—9月定植为宜。

定植方法：定植时，去除斑兰叶育苗容器，种苗放入植穴，可去掉50%~65%的叶片，定植深度以斑兰叶种苗根团离地面5~10厘米为宜，回土扶正，压实。定植后灌透定根水。

（6）田间管理（图4-25）

田间灌溉：在斑兰叶定植1周内灌溉3~5次，1周后每5~7天灌溉1次。宜采用水肥一体化系统，通过管道和滴头形成滴灌，可以对水量进行有效利用，进而提高斑兰叶的成活率。

田间除草：起好垄后，需在垄面上覆盖地膜，用土块压住两边膜缝隙以达到防草作用，减少斑兰叶苗期除草的频率。进入采收期后对间作带每月除草1次。同时，适当进行松土作业，改善土壤通气性和保水性。

田间施肥：斑兰叶小苗期以生物肥或有机肥为主，施微生物菌肥，可以促进斑兰叶根系的生长，提高斑兰叶的成活率，另外其根系分泌物还可能对土壤磷进行转化和利用，进而提高土壤速效磷含量，提升土壤养分，有利于斑兰叶的生长。收获期继续以有机肥或化肥为主，也可每月对斑兰叶喷施含有生物菌剂的叶面肥一次，以提高土壤肥力，增加斑兰叶叶片的挥发性化合物的含量。

灾害天气防范：重点做好斑兰叶寒害和台风灾害防治，根据所在地区寒害和台风灾害情况，采取提高土壤含水量和地温，施钾肥等相应的防寒措施，排出积水、加固光伏板、灾后土壤消毒防病等相应的台风灾害防治措施。

智能化管理：可利用物联网、大数据等技术，对光伏板下间作斑兰叶系统进行智能化管理。通过传感器实时监测光照、温度、湿度、土壤湿度等参数，实现自动化控制和精准管理，提高斑兰叶生产效率和光伏发电效益。

图4-25　田间管理

（7）病虫害防治

病虫害种类：斑兰叶的主要病害有茎腐病、拟茎点霉属叶斑病和拟盘多毛孢属叶斑病，主要害虫有斜纹夜蛾、蝗虫和蜗牛等。

防治方法：斑兰叶病虫害防治遵循"预防为主、综合防治"的植保工作方针，协调运用综合防治技术，主要采用农业防治、物理防治和生物防治措施。光伏下间作斑兰叶一般不使用药剂防治，严禁使用国家和地方禁止使用的农药种类。农业防治重点加强斑兰叶种苗检疫，及时排出田间积水，防止检疫性病害蔓延，减少病菌滋生条件。物理防治采用人工捏除斑兰叶斜纹夜蛾幼虫，或摘除虫卵块。生物防治采用复合微生物菌肥开展斑兰叶以菌治虫。

（8）鲜叶采收

采收方法：斑兰叶叶片长度达40厘米即可采收，采收植株顶部第4片以下斑兰叶鲜叶，并做好分拣整理工作，每捆约10千克。鲜叶采收宜采用半机械电动割叶刀采收，以提高劳动生产率。

采收次数：根据光伏下斑兰叶长势情况采收，4—9月，每45～60天可采收1次；9月至翌年2月，每60～70天可采收1次。每年可采收5～6次。

运输与保藏：采收的斑兰叶鲜叶24小时内运往加工厂、销售地点或冷库保藏，及时进行初加工或使用。

四、斑兰叶单作种植模式

斑兰叶生长在热带潮湿酸性土壤上，属于阳性植物，栽培条件较为粗放，对光照要求不高，对环境的适应性较强；山头坡地、庭院、耕作地等潮湿土壤上均可生长。由于原生于热带地区，对低温的限制较敏感。只要温度条件能够满足，不需要特殊的设施和管理。

（一）斑兰叶露天单作种植模式

1. 模式简介

斑兰叶露天单作模式是指将斑兰叶直接种植在无遮挡全光照地块的一种种植模式（图4-26）。该模式的特点是定植后1~2年斑兰叶长势较慢，叶片较短、轻、窄、偏黄，地块杂草易暴发；定植2年以上分蘖强、叶片多、叶片逐渐由发黄转为黄绿色或绿色，进入快速生长期。该模式前1~2年以斑兰叶生长为主，一般根据斑兰叶的长势进行适当的叶片采收，以不影响斑兰叶的生长为宜，进入旺长期后，要适当地进行分蘖控制，保证叶片产量。

据测算，斑兰叶露天单作种植示范基地年均亩产约1 500千克，新增产值超过7 500元/亩，但考虑土地成本和产品质量，其纯收入比林下间作斑兰叶收益稍差。

图4-26 斑兰叶露天单作模式

2. 技术要点

（1）园地选择

斑兰叶单作宜选择年平均气温21℃以上、降水量大于1 200mm（或灌溉条件良好）、生态条件良好、交通便利、排灌方便的平地或缓坡地，土层深厚、土质疏松、富含有机质、排水良好的土壤。一般冬季连续低温（<5℃）少于10天，辅以充足水分管理均可越冬。

（2）园地整理

整地：定植前25~30天进行整地。清除园地杂草、石头、树枝等杂物。对土壤进行翻耕深度以20~30厘米为宜。整地时施基肥，以有机肥为主。每亩施用有机肥500~1 000千克、复合肥（15-15-15）30~50千克。基肥宜于翻耕前均匀撒施于土壤表面。也可不进行翻耕，清表后，打孔种植。

排灌设施：可纵向铺设喷灌设施，覆膜栽培时可选择滴灌，或采用灌水沟进行漫灌。

（3）种苗选择

斑兰叶单作时宜选择生长旺盛、经过充足炼苗的种苗。

（4）种苗定植

定植时期：海南地区以3—10月定植斑兰叶为宜，广东和福建的部分地区以4—10月定植斑兰叶为宜。

定植规格：单作栽培由于斑兰叶苗前期生长较慢，为便于管理种植规格可以较间作栽培略小，以40厘米×40厘米或40厘米×60厘米为宜。

定植方法：翻耕后覆膜种植斑兰叶时，可在覆膜后按照定植规格做好定植标记，在标记处挖一个略大、稍深于育苗容器约为10厘米×15厘米的种植穴。斑兰叶定植时小心地去除育苗容器，注意保持育苗基质不松散。斑兰叶种苗放入植穴，定植深度以种苗根茎与地面齐平或稍深为宜，茎和叶片全部露出植穴，回土扶正，压实。定植后灌透定根水。

翻耕后直接种植斑兰叶时，按照定植规格做好定植标记，在标记处挖一个略大、稍深于育苗容器约为10厘米×15厘米的种植穴进行种植。

打孔种植斑兰叶时，直接按照定植规格做好定植标记，用土壤打孔机钻15厘米×25厘米的种植穴，底层下约10厘米厚的有机肥，然后将斑兰叶种苗放入植穴，定植深度以种苗根团与地面齐平或稍深为宜，茎和叶片全部露出植穴。

（5）田间管理

水分管理：斑兰叶定植成活后，根据斑兰叶生长期、天气情况以及土壤墒情等确定灌水时期、次数和每次灌溉量，以保持土壤湿润为宜。土壤田间持水量在30%以下，应及时灌水。干旱少雨季节要及时灌溉，灌透为止。灌水时间以10：00前或16：00后为宜。多雨季节或园地积水应及时排水。

查苗补苗：斑兰叶定植后30天内全面检查种苗成活情况，及时补苗。

除草：斑兰叶定植后，对间作带应及时人工除草，不推荐使用除草剂（图4-27）。如使用除草剂，可选择草铵膦进行除草，喷施时应避免喷到斑兰叶片上。

施肥：根据斑兰叶园地肥力、作物生长和肥料利用率情况确定施肥种类和施肥

图4-27　斑兰叶间作带人工除草

量，以有机肥为主，化肥为辅。幼龄期宜追肥1次，定植后半年左右施用。每亩追施尿素15～20千克、复合肥（15-15-15）20～30千克。雨后开浅沟施肥，施肥后盖土，或开浅沟施肥并盖土，随后灌水。斑兰叶叶片采收期每年宜追肥2～3次。每亩每次追施尿素25～30千克、复合肥（15-15-15）30～50千克、有机肥100～150千克。雨后撒施或撒施后灌水。

灾害天气防范：重点做好斑兰叶寒害和台风灾害防治，（图4-28）根据所在地区寒害和台风灾害情况，采取提高土壤含水量、覆盖地膜、施钾肥、修剪枯叶等相应的防寒措施，排出积水、修剪林木枝条、灾后土壤消毒防病等相应的台风灾害防治措施。

图4-28　斑兰叶寒害

（6）病虫管理

防治原则：遵循"预防为主、综合防治"的植保工作方针，协调运用综合防治技术，优先采用农业和物理防治措施，科学安全使用药剂防治技术，药剂防治要求多药剂轮换使用，延缓病虫抗药产生，有效控制斑兰叶病虫危害。严禁使用禁止使用的农药种类。

防治对象：斑兰叶的主要病害有茎腐病、拟茎点霉属叶斑病和拟盘多毛孢属叶斑病，主要害虫有斜纹夜蛾、蝗虫和蜗牛等。

农业防治：培育和定植健康斑兰叶种苗；加强斑兰叶种苗检疫，防止检疫性病害蔓

延；做好园区规划，搞好排灌系统，确保排灌便利；提倡施用商品有机肥、生物有机肥、微生物肥；及时排出田间积水，减少病菌滋生条件。

物理防治：人工捏除斜纹夜蛾幼虫，或摘除虫卵块，并集中杀死；撒施草木灰、石灰粉等。

（7）鲜叶采收

采收开始时间：露天种植斑兰叶前1~2年根据生长情况进行适当采收，以不影响斑兰叶生长为宜，2年后可进入正式的采收期。

采收时期：海南地区4—9月，每30~45天可采收斑兰叶1次；10月至翌年3月，每45~60天可采收斑兰叶1次。广东地区4—10月，每30~45天可采收斑兰叶1次，冬季不采收。

采收标准：可采收的斑兰叶叶片长度大于40厘米，中部宽度大于3厘米。

采收方法：采收斑兰叶植株顶部第5片以下且符合采收标准的叶片。利用弯刀从叶片基部采割，割叶时注意避免伤害或割断茎干和植株顶部拟保留的叶片。剔除发黄及干枯叶片，每600~800片叶捆成一捆。

运输与保藏：采收的斑兰叶鲜叶24小时内运往加工厂或销售地点或冷库保藏，及时进行初加工或使用。

（二）斑兰叶阴棚单作种植模式

1. 模式简介

斑兰叶阴棚单作种植模式是指在露天地块上搭建光照适宜斑兰叶生长、高度适宜人工采收的阴棚进行斑兰叶种植的模式（图4-29）。该模式具有生长条件、叶片质量好（香气足、叶片厚、叶色浓绿）的特点，是生产该品质斑兰叶的重要种植模式。该模式前期投入成本较高，阴棚可采用竹质结构或钢制结构，上方和四周利用30%~50%的遮阳网进行遮阴。

据测算，斑兰叶阴棚单作种植示范基地年均亩产约2 000千克，新增产值超过10 000元/亩，产值最高，但考虑土地和阴棚成本，其纯收入比林下间作斑兰叶收益稍差。

图4-29　斑兰叶阴棚单作种植模式

2. 技术要点

（1）园地选择

斑兰叶单作宜选择年平均气温21℃以上、降水量大于1 200毫米（或灌溉条件良好）、生态条件良好、交通便利、排灌方便的平地或缓坡地，土层深厚、土质疏松、富含有机质、排水良好的土壤。一般冬季连续低温（<5℃）少于10天，辅以充足水分管理均可越冬。

（2）园地整理

整地：斑兰叶定植前25~30天进行整地。清除园地杂草、石头、树枝等杂物。对土壤进行翻耕深度以20~30厘米为宜。整地时施基肥，以有机肥为主。每亩施用有机肥500~1 000千克、复合肥（15-15-15）30~50千克。基肥宜于翻耕前均匀撒施于土壤表面。也可不进行翻耕，清表后，打孔种植。

排灌设施：可纵向铺设喷灌设施，覆膜栽培斑兰叶时可选择滴灌，或采用灌水沟进行漫灌。

（3）阴棚设施搭建

竹制阴棚：使用竹子作为主要材料进行搭建，横竖每隔2米往地里打一根竹桩，并沿横面45°斜向打一根竹桩，用铁丝固定横竖连接的竹子，竹桩高2~2.5米，上方用竹子固定后，挂上遮阳网。可在斑兰叶定植完成后进行搭建。

钢制阴棚：以镀锌不锈钢管为材料进行搭建，横竖每隔4~6米打一根钢管，离地高度2.5~3米用不锈钢管连接固定，顶部可以平铺也可以做拱，上方挂上遮阳网。一般在斑兰叶种植前搭建。

（4）种苗选择

宜选择生长旺盛、经过充足炼苗的斑兰叶种苗为宜。

（5）种苗定植

定植时期：海南地区以3—10月定植为宜，广东和福建的热带地区以4—10月为宜。

定植规格：以株行距60厘米×60厘米为宜。

定植方法：翻耕后覆膜种植斑兰叶时，可在覆膜后按照定植规格做好定植标记，在标记处挖一个略大、稍深于育苗容器约为10厘米×15厘米的种植穴。定植时小心地去除育苗容器，注意保持育苗基质不松散。斑兰叶种苗放入植穴，定植深度以种苗根团与地面齐平或稍深为宜，茎和叶片全部露出植穴，回土扶正，压实。定植后灌透定根水。

翻耕后直接种植斑兰叶时，按照定植规格做好定植标记，在标记处挖一个略大、稍深于育苗容器约为10厘米×15厘米的种植穴进行种植。

打孔种植斑兰叶时，直接按照定植规格做好定植标记，用土壤打孔机钻15厘米×25厘米的种植穴，底层下约10厘米厚的有机肥，然后将斑兰叶种苗放入植穴，定植深度以种苗根团与地面齐平或稍深为宜，茎和叶片全部露出植穴。

（6）田间管理

水分管理：斑兰叶定植成活后，根据斑兰叶生长期、天气情况以及土壤墒情等确定灌水时期、次数和每次灌溉量，以保持土壤湿润为宜。土壤田间持水量在30%以下，应及时灌水。干旱少雨季节要及时灌溉，灌透为止。灌水时间以10：00前或16：00后为宜。多雨季节或园地积水应及时排水。

查苗补苗：斑兰叶定植后30天内全面检查种苗成活情况，及时补苗。

除草：斑兰叶定植后，对间作带应及时人工除草，不推荐使用除草剂。如使用除草剂，可选择草铵膦进行除草，喷施时应避免喷到斑兰叶叶片上。

施肥：根据园地肥力、斑兰叶生长和肥料利用率情况确定施肥种类和施肥量，以有机肥为主，化肥为辅。斑兰叶幼龄期宜追肥1次，定植后半年左右施用。每亩追施尿素15~20千克、复合肥（15-15-15）20~30千克。雨后开浅沟施肥，施肥后盖土，或开浅沟施肥并盖土，随后灌水。斑兰叶叶片采收期每年宜追肥2~3次。每亩每次追施尿素25~30千克、复合肥（15-15-15）30~50千克、有机肥100~150千克。雨后撒施或撒施后灌水。

灾害天气防范：重点做好斑兰叶寒害和台风灾害防治，根据所在地区寒害和台风灾害情况，采取提高土壤含水量、修复阴棚、施钾肥、修剪枯叶等相应的防寒措施，排出积水、修剪林木枝条、灾后土壤消毒防病等相应的台风灾害防治措施。

（7）病虫管理

防治原则：遵循"预防为主、综合防治"的植保工作方针，协调运用综合防治技术，优先采用农业和物理防治措施，科学安全使用药剂防治技术，药剂防治要求多药剂轮换使用，延缓病虫抗药产生，有效控制病虫危害。严禁使用国家或地方禁止使用的农药种类。

防治对象：斑兰叶的主要病害有茎腐病、拟茎点霉属叶斑病和拟盘多毛孢属叶斑病，主要害虫有斜纹夜蛾、蝗虫和蜗牛等。

农业防治：培育和定植健康斑兰叶种苗；加强斑兰叶种苗检疫，防止检疫性病害蔓延；做好园区规划，搞好排灌系统，确保排灌便利；提倡施用商品有机肥、生物有机肥、微生物肥；及时排出田间积水，减少病菌滋生条件。

物理防治：人工捏除斜纹夜蛾幼虫，或摘除虫卵块，并集中杀死；撒施草木灰、石灰粉等。

（8）鲜叶采收

采收时期：海南地区4—9月，每30~45天可采收斑兰叶1次；10月至翌年3月，每45~60天可采收斑兰叶1次。广东地区4—10月，每30~45天可采收斑兰叶1次，冬季不采收。

采收标准：可采收的斑兰叶叶片长度>40厘米，中部宽度>3厘米。

采收方法：采收斑兰叶植株顶部第5片以下且符合采收标准的叶片。利用弯刀从叶片基部采割，割叶时注意避免伤害或割断茎干和植株顶部拟保留的叶片。剔除发黄及干枯叶片，每600~800片叶捆成一捆。

运输与保藏：采收的斑兰叶鲜叶24小时内运往加工厂、销售地点或冷库保藏，及时进行初加工或使用。

五、斑兰叶水肥一体化技术

（一）水肥一体化技术的原理

水肥一体化技术是将灌溉与施肥融为一体的农业新技术（图4-30）。水肥一体化是借助压力系统（或地形自然落差），将可溶性固体或液体肥料，按土壤养分含量和作物种类的需肥规律和特点，配兑成的肥液与灌溉水一起，通过可控管道系统供水、供肥，使水肥相融后，通过管道、喷枪或喷头形成喷灌，均匀、定时、定量喷洒在作物发育生长区域，使主要发育生长区域土壤始终保持疏松和适宜的含水量，同时根据不同作物的需肥特点，土壤环境和养分含量状况，需肥规律情况，进行不同生育期的需求设计，把水分、养分定时定量的按比例直接提供给作物。

在斑兰叶种植中应用水肥一体化技术，是将肥料溶解在水中，通过微灌系统，将水与养分均匀地输送到斑兰叶根部，实现了水肥同步管理和高效利用。这一技术的应用，不仅可提高斑兰叶的产量和品质，而且有效避免传统施肥方式带来的水肥浪费和环境污染问题。

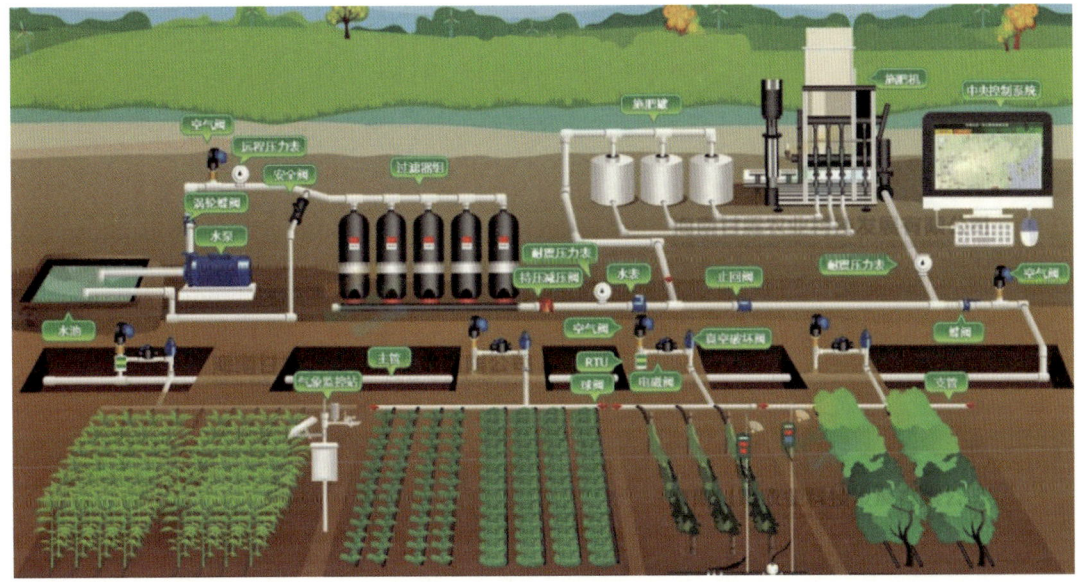

图4-30　斑兰叶水肥一体化系统

（二）水肥一体化技术的优势

1. 提高作物水肥利用率

与传统灌溉施肥方式相比，水肥一体化技术能够根据斑兰叶在不同生长阶段的需水需肥规律，进行定时、定量、均匀的水肥供应。这样可以确保斑兰叶得到充足的水分和养分，满足斑兰叶的生长需求，显著提高斑兰叶的产量和品质。同时，由于水肥供应的精确控制，避免因过量施肥或浇水而导致的资源浪费。

2. 节省劳动力和时间

传统的施肥方式不仅耗时费力，而且效率低下。水肥一体化技术采用先进的灌溉系统，能够实现水肥的均匀混合和精准投放，将肥料和水分直接输送到斑兰叶根部，大大节省施肥的劳动力和时间，提高斑兰叶生产效率。这使农民可以更专注于其他重要的农业活动，从而进一步提升斑兰叶生产的效益。

3. 提升作物产量和品质

由于水肥一体化技术能够提供充足且均衡的水肥供给，满足斑兰叶生长所需的基本条件，因此能够显著提高斑兰叶的产量和品质。这种技术不仅可加快斑兰叶的生长速度，还可优化其营养成分，使斑兰叶更健康、更有营养。

4. 降低对环境负面影响

不当的施肥方式可能会导致肥料大量流失到环境中，对土壤、水源和生态系统造成污染。而水肥一体化技术通过精确控制施肥量，有效减少肥料的流失和浪费，从而降低对环境的负面影响。此外，由于这种技术能够减少灌溉过程中水分的蒸发和流失，因此还有助于节约水资源。

5. 适用不同种植模式

水肥一体化技术的应用还具有广泛的适用性。它适用于各种种植模式的斑兰叶，包括林下种植、光伏下种植和网下种植和露天种植等。同时，该技术还可以根据不同地区的气候、土壤条件等因素进行适当调整，以满足不同地区斑兰叶的生长需求。

综上所述，水肥一体化技术是一种高效、环保、可持续的农业技术，具有广泛的应用前景。通过在斑兰叶种植推广和应用水肥一体化技术，可以促进斑兰叶的可持续发展，提高斑兰叶生产效益，为人类提供更加安全、健康的食品。

（三）水肥一体化技术的系统

1. 水肥一体化技术的组成

水肥一体化技术是一种将灌溉与施肥相结合的农业技术，通过将水与肥料按照斑兰叶生长需求进行精准配比，实现节水、节肥、省工、高效的现代农业管理方式。

（1）水源工程

水源工程是整个斑兰叶水肥一体化技术的基础，其目的是确保稳定的水源供应。具体来说，它包括提供灌溉用水的水源（如水库、河流、地下水等）、蓄水池以及水泵等设备。这些设施的作用是提取和储存灌溉用水，以保证在斑兰叶生长周期中能够持续提供足够的水量。此外，水源工程还必须确保水质符合灌溉标准，避免因水质问题对作物造成损害。

（2）输水工程

输水工程是将水从水源输送到斑兰叶生产的关键环节。它包括输水管道、渠道等设施，这些设施的作用是将水从蓄水池或水源地输送到斑兰叶种植地。为了确保水的供应量能够满足斑兰叶生长需求，输水工程的设计和建设需要充分考虑到地形、地质、气候等多方面因素。同时，为了防止水在输送过程中受到污染，输水工程还需要采取有效的过滤和消毒措施。

（3）田间灌溉系统

田间灌溉系统是直接对斑兰叶进行灌溉的部分。它包括各种灌溉设备，如喷头、滴灌管、微喷带等。这些设备能够根据斑兰叶的生长需求和特点，将水直接输送到斑兰叶的根部，实现精准灌溉。同时，通过合理布置和调整灌溉设备的布局和参数，可以进一步提高水的利用效率，减少浪费。

（4）水肥一体化设备

水肥一体化设备是实现水肥一体化的关键部分。它包括水肥混合器、施肥泵、过滤器等设备。这些设备的主要作用是将肥料与水按照一定比例混合，形成水肥混合物。然后，通过灌溉系统将水肥混合物输送到斑兰叶种植地，实现对斑兰叶的施肥。为了确保施肥的均匀性和准确性，水肥一体化设备需要具备高效的混合和输送能力，同时还需要具备防止堵塞和腐蚀的性能。

（5）控制系统

控制系统是整个水肥一体化技术的指挥中心。它包括定时器、控制器等设备，主要作用是控制和调节灌溉系统的运行。通过控制系统，可以设定灌溉的时间、水量等参数，实现对斑兰叶种植地灌溉过程的精确控制。同时，控制系统还可以实时监测灌溉系统的运行状态，及时发现和处理问题，保证灌溉系统的稳定性和可靠性。为了方便操作和管理，控制系统通常采用自动化和智能化技术，使整个灌溉过程能够实现远程操控和无人值守。

总之，水源工程、输水工程、田间灌溉系统、水肥一体化设备和控制系统是斑兰叶水肥一体化技术的核心组成部分。在实际应用中，需要根据当地的自然条件、种植模式和生产规模等因素进行合理配置和优化设计，以达到最佳的节水、节肥和增产效果。

2. 水肥一体化施肥系统

斑兰叶水肥一体化施肥系统由灌溉系统和肥料溶液混合系统两部分组成。灌溉系统主要由灌溉泵、稳压阀、控制器、过滤器、田间灌溉管网以及灌溉电磁阀构成。肥料溶液混合系统由控制器、肥料灌、施肥器、电磁阀、传感器、混合罐、混合泵构成。

（1）输配水管网系统

输配水管网由干管、支管、毛管组成。干管一般采用PVC管材，支管一般采用PE管材或PVC管材，管径根据流量分级配置，毛管目前多选用内镶式滴灌带或边缝迷宫式滴灌带；首部及大口径阀门多采用铁件。干管或分干管的首端进水口设闸阀，支管和辅管进水口处设球阀。

斑兰叶种植输配水管网的作用是将首部处理过的水，按照要求输送到斑兰叶灌水单元和灌水器，毛管是微灌系统的最末一级管道，在滴灌系统中，即为滴灌管，在微喷系统中，毛管上安装微喷头。

（2）环境数据采集器

环境数据采集器由低功耗气象传感器、低功耗气象数据采集控制器和计算机气象软件3部分组成。可同时监测大气温度、大气湿度、土壤温度、土壤湿度、雨量、风速、风向、气压、辐射、照度等诸多影响斑兰叶生长气象要素；具有高精度、高可靠性的特点，可实现定时气象数据采集、实时时间显示、气象数据定时存储、气象数据定时上报、参数设定等功能。

（3）无线阀门控制器

阀门控制器是接收由斑兰叶田间工作站传来的指令并实施指令的下端。阀门控制器直接与管网布置的电磁阀相连接，接收到田间工作站的指令后对电磁阀的开闭进行控制，同时也能够采集斑兰叶田间信息，并上传信息至田间工作站，一个阀门控制器可控制多个电磁阀。

电磁阀是控制田间灌溉的阀门，电磁阀由田间节水灌溉设计轮灌组的划分来确定安装位置及个数。

（4）灌水器系统

微灌按微灌灌水流量小，一次灌水延续时间较长，灌水周期短，需要的工作压力较低，能够较精确地控制灌水量，把水和养分直接输送到斑兰叶根部附近的土壤中（图4-31）。

图4-31 斑兰叶一体化施肥系统

（四）水肥一体化选用的肥料

1. 水肥一体化选用的肥料种类

斑兰叶种植水肥一体化系统中，水的主要作用是灌溉，而肥料则是斑兰叶生长所需的必要养分。因此在水肥一体化技术中，选择合适的肥料至关重要。水肥一体化系统中的肥料必须是可溶性肥料或液体肥料。简单来说，使用的肥料必须是可溶解于水的，这样才能与灌溉水一同流入斑兰叶的根系，达到施肥的目的。

（1）水溶性肥料

又被称为水溶肥，水溶肥包括颗粒状或粉末状的多元复合型肥料。水溶性肥料包含的养分可以迅速地溶解于水中，包括氮、磷、钾、钙、镁、铝以及多种微量元素等作物所需的全部营养成分。此外，根据林木和斑兰叶的特殊需求，还可以添加其他微量元素，如铜、铁、锌、硼等。

（2）液体肥料

也是可溶性肥料的一种表现形式，通常呈液体状态。液体肥料包括清液形式和悬浮液形式，有些液体肥料颗粒特别细，并不会堵塞滴灌设备。液体肥料可以理解为高浓度的肥料，如液态氮肥、尿素硝酸铵溶液等，这些是现在比较常用的液体肥料种类。

2. 水肥一体化中可溶性肥料的选择原则

（1）溶解度高

可以完全溶解在水中，不会产生沉淀物，肥料的溶解速度也应该迅速，以确保养分能够及时供应给斑兰叶。

（2）纯净度高

这有助于减少灌溉水中的杂质，避免设备堵塞或腐蚀。

（3）相容性好

相互之间不会形成沉淀物，这有助于保持肥料的营养成分和效果，同时可以减少灌溉系统的堵塞。

（4）养分含量较高

选择养分含量丰富、符合国家标准要求的肥料，能够满足斑兰叶生长所需的各种养分。

（5）不会引起灌溉水pH值的剧烈变化

比较稳定，不会对灌溉水的pH值产生明显影响，这有助于保持土壤的酸碱平衡。

（6）对灌溉设备的腐蚀性小

建议选择弱酸性或碱性的水溶性肥料，以避免对水肥一体化系统的设备产生腐蚀，影响长期使用。

综上所述，水肥一体化技术一般选用水溶性好、营养成分全面、酸碱性和腐蚀性小、操作性和安全性高的肥料。

3. 水肥一体化中可溶性肥料的类型

以下几种类型的肥料比较适合用于斑兰叶种植水肥一体化技术。

（1）大量元素水溶肥

含有大量氮、磷、钾等营养成分的肥料，能够满足斑兰叶生长所需的各种养分。

（2）微量元素水溶肥

含有微量营养元素的肥料，如铁、铜、锌等，能够为斑兰叶提供必要的微量元素。

（3）氨基酸水溶肥

以氨基酸为主要成分的肥料，能够为斑兰叶提供必要的氨基酸和营养成分。

（4）生物菌肥

含有有益微生物的肥料，能够为斑兰叶提供必要的微生物菌群，促进斑兰叶的生长和养分吸收。

通过选用适合的水溶性肥料，并实施林木和斑兰叶种植水肥一体化技术，可以有效地提高斑兰叶肥料的利用率和促进植物的生长。同时，还可以减少施肥过程中的人工成本和环境污染，实现高效、环保、安全地施肥。

（五）水肥一体化技术的应用

斑兰叶种植水肥一体化技术是一种高效、节能、环保的灌溉施肥方式，具有提高水肥利用效率、节省劳动力和时间、提高作物产量和品质、减少对环境的污染等优点。在实际应用中，需要根据斑兰叶不同的种植模式和土壤条件，选择合适的水肥一体化设备和施肥方案。

1. 用水量控制管理

实现斑兰叶种植两级用水计量，通过出口流量监测作为本区域内用水总量计量，通过每个支管压力传感采集数据实时计算各支管的轮灌水量，与阀门自动控制功能结合，实现每一个阀门控制单元的用水量统计。同时水泵引入流量控制，当超过用水总量将通过远程控制，限制区域用水。

2. 运行状态实时监控

通过水位和视频监控能够实时监测林木及间作斑兰叶滴灌系统水源状况，及时发布缺水预警；通过水泵电流和电压监测、出水口压力和流量监测、管网分干管流量和压力监测，能够及时发现滴灌系统爆管、漏水、低压运行等不合理灌溉事件，及时通知系统维护人员，保障林木及间作斑兰叶滴灌系统高效运行。

3. 阀门自动控制功能

通过对林木及间作斑兰叶土壤墒情信息、小气候信息和作物长势信息的实时监测,采用无线或有线技术,实现阀门的遥控启闭和定时轮灌启闭。根据采集到的信息,结合当地斑兰叶种植的需水和灌溉轮灌情况制定自动开启水泵、阀门,实现无人值守自动灌溉,分片控制,预防人为误操作。

4. PC展示平台和移动终端App

通过物联网水肥一体化智能监测平台,能够为斑兰叶种植用户提供传感器数据、图片远程、采集、传输、储存、处理及报警信息发送等服务。该平台以集中式分区化的方式为用户提供便捷、经济、有效的远程监控整体解决方案。通过物联网智能监测平台,用户可以不受时间、地点限制对斑兰叶进行实时监控、管理、观看和接收报警信息。

移动终端通过建立手机系统,客户直接采用微信客户端就可以控制和查看斑兰叶实时数据,手机端具有启动和关闭电磁阀、水泵等设备功能。

5. 运维管理功能

包括系统维护、状态监测和系统运行的现场管理,实现斑兰叶种植区域用水量计量管理、旱情和灌溉预报专家决策、信息发布等功能的远程决策管理,以及斑兰叶种植对用水、耗电、灌水量、维护、材料消耗等进行统计和成本核算,对灌溉设施设备生成定期维护计划,记录维护情况,实现斑兰叶种植灌溉工程的精细化维护运行管理。

斑兰叶种植节水灌溉自动化控制系统能够充分发挥现有的节水设备作用,优化调度,提高效益,通过自动控制技术的应用,更加节水节能,降低灌溉成本,提高灌溉质量,使斑兰叶种植灌溉更加科学、方便,提高管理水平。

六、斑兰叶病虫害防治技术

(一)斑兰叶茎腐病

1. 危害症状

斑兰叶茎腐病又称茎基腐病,属于细菌性病害,主要危害斑兰叶茎基部,发病初期在茎基部形成水渍状暗绿色斑,后逐渐扩展为不规格形,失水状溃烂,深褐色,病组织开始软化,散发出臭味。腐烂向上蔓延,叶片枯黄至干枯,一般可深入茎基内部形成维管束组织腐烂,最后植株折腰枯死。这种病害一般发病较快,扩散迅速(图4-32)。

图4-32 斑兰叶茎腐病症状

2. 病原菌

斑兰叶茎腐病病原菌是肠杆菌属（*Enterobacter*）霍氏肠杆菌（*Enterobacter hormaechei*）。霍氏肠杆菌属直杆菌，革兰氏阴性菌，周生鞭毛运动，兼性厌氧，容易在普通培养基上生长。

3. 发生规律

主要是由于人、牲畜等粪便中带有肠杆菌，如将粪便直接施肥到斑兰叶种植区，加之种植区地块有积水、湿度大，很容易造成该病害的发生与流行。

4. 防治方法

（1）农业防治

加强斑兰叶栽培管理，切断传播途径。种苗繁育远离感病区，苗床保持通风良好，雨后及时排出积水，防止湿气滞留。从健康无感病的母株上选取插条苗，培育无病种苗。人、牲畜粪便要完全沤熟后再施用，切断病原。及时检查并铲除病株，将带病植株残体集中园外处理。台风天气及暴雨过后，及时排出田间积水，减少病菌滋生条件。增施有机肥，提高植株抗病力。

（2）化学防治

斑兰叶发病初期，可选用77%氢氧化铜可湿性粉剂500倍液喷施，每隔3天全园喷药1次，连续喷药2~3次。

（二）斑兰叶拟茎点霉叶斑病

1. 危害症状

斑兰叶拟茎点霉叶斑病主要危害叶片。发病初期叶片上出现褪绿的小黄点，平整、边缘淡黄色；后期病斑变成不规则形，边缘深褐色，多个病斑汇合后造成叶片大面积干枯坏死。后期病斑中央长出小黑粒，为病菌的分生孢子器（图4-33）。

图4-33　斑兰叶拟茎点霉叶斑病症状

2. 病原菌

斑兰叶拟茎点霉叶斑病病原菌为拟茎点霉属（*Phomopsis*）拟茎点霉菌（*Phomopsis sp.*）。拟茎点霉分生孢子器球形或近球形，壁薄，暗褐色，直径87.5～225.3微米，分生孢子梗无色，分隔；产孢细胞瓶梗形，无色；α型分生孢子无色，单孢，椭圆形或卵圆形，大小为（4.4～8.1）微米×（2.3～3.2）微米，β型分生孢子未见（图4-34）。

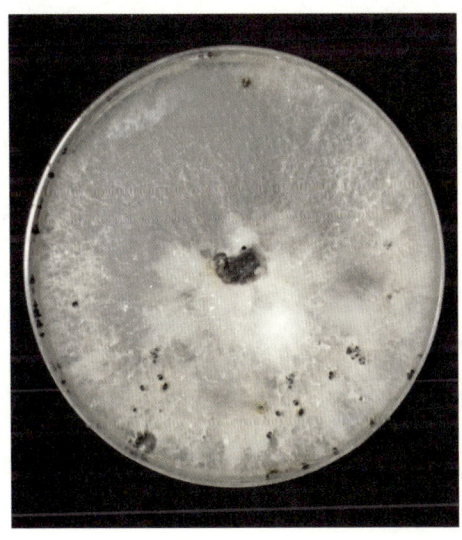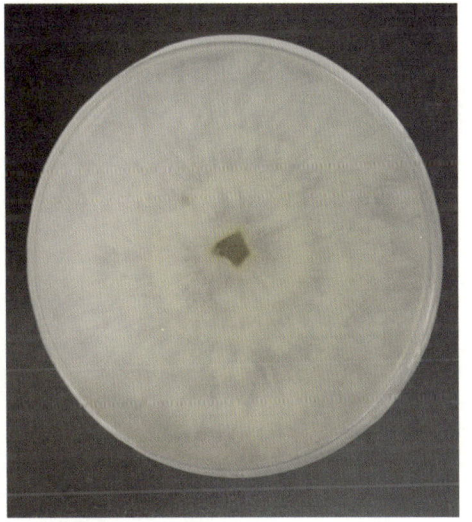

图4-34　PDA培养基上菌落形态（左图为正面，右图为背面）

3. 发生规律

该病病菌主要借助风、雨传播，遇适宜温度、湿度便可萌发侵染叶片，在阴雨连绵、台风季节等时期发生流行。在多雨潮湿季节，病原菌分生孢子大量涌出，借风雨传播。病菌的寄生性不是很强，只有在寄主植物生长衰弱时或在有伤口的情况下才能侵入。在我国海南，11月开始进入冬季，温度较低，加上阴雨天气，斑兰叶较易感染该病菌，一般在11月至翌年4月发生流行。

4. 防治方法

（1）农业防治

选择排水良好的地块建园，修建排水沟，发现斑兰叶病株及时剔除并带到园外处理；选择健康、无病的植株分蘖苗，培育健康种苗；加强斑兰叶种植园田间管理，增施有机肥，提高植株抗病能力。台风天气及暴雨过后，及时排出田间积水，减少病菌滋生条件。

（2）化学防治

斑兰叶发病初期，可喷洒80%代森锰锌可湿性粉剂800倍液、50%异菌脲悬浮剂1 000倍液或50%甲基硫菌灵可湿性粉剂800倍液等，交替用药。

（三）斑兰叶拟盘多毛孢叶斑病

1. 危害症状

斑兰叶叶片受害部位最初褪绿，随后形成黑褐色近圆形病斑，病斑进一步扩大，中央变为灰白色，病斑交界处出现黄色晕圈。湿度大时，病斑中央散生稀疏的疮痂状小黑点（图4-35）。

图4-35　斑兰叶拟盘多毛孢叶斑病症状

2. 病原菌

斑兰叶拟盘多毛孢叶斑病的病原菌为拟盘多毛孢属（*Pestalotiopsis*）棒孢拟盘多毛孢（*Pestalotiopsis clavispora*）。分生孢子有4个隔膜、5个细胞，纺锤形或棒状纺锤形，大小为（18.1±1.6）微米×（6.4±0.3）微米；中间3个色胞异色、2个色胞暗褐色，分隔处颜色特深，第3色胞颜色略浅，淡褐色，分隔处稍缢缩；顶胞无色，锥形，具顶端附属丝2~3根，长（21.8±3.5）微米；尾胞无色，具中生式柄1根，长（5.9±1.8）微米（图4-36、图4-37）。

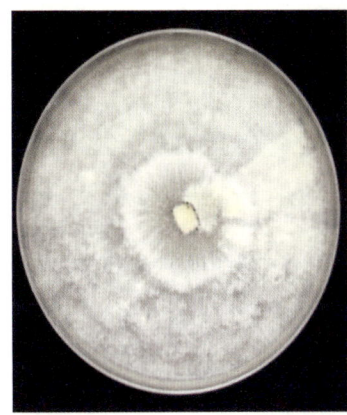
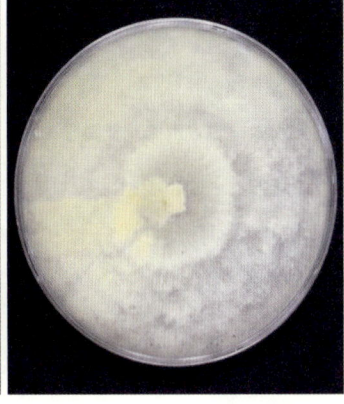
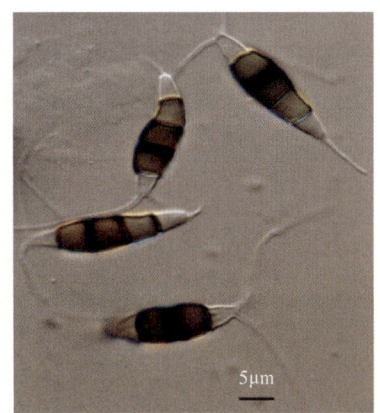

图4-36　PDA培养基上菌落形态（左图为正面、右图为背面）　　图4-37　分生孢子形态

3. 发生规律

病原菌喜酸性的环境条件，温度在24~26℃有利于该病菌菌丝生长，高湿条件下有利于产生孢子。在酸性的土壤和砂质土壤中易发病，土壤和空气湿度大时有利于病害发生，特别是连续阴雨天气可加快病害发生。在海南，斑兰叶每年11月至翌年4月发病，生长衰弱的植株易发病。

4. 防治方法

（1）农业防治

选择中性或微酸性土壤（pH值5.5~7.5）种植斑兰叶，定植时选用健康无病斑兰叶苗。加强田间管理，增施有机肥，提高植株抗病能力，注意园区通风、排水。土壤酸性过强时，可施用生石灰中和土壤酸度，使土壤达到斑兰叶适宜种植的pH值范围。加强园区巡查，发现病株及时处理。

（2）化学防治

斑兰叶发病初期，可喷洒80%代森锰锌可湿性粉剂800倍液、40%嘧菌酯可湿性粉剂1 500倍液、20%噻唑酮悬浮剂500倍液或50%甲基硫菌灵悬浮剂800倍液等，交替使用。

（四）斜纹夜蛾

1. 分类地位

斜纹夜蛾（*Prodenia litura* Fabricius），属鳞翅目夜蛾科（图4-38）。

2. 形态特征

成虫：体长16～20毫米，翅展36～41毫米。头、胸部灰褐色或白色，下唇须灰褐色，各节端部有暗褐色斑，胸部背面灰褐色，被鳞片及少数毛。

卵：粒半球形，直径0.4～0.5毫米，初产黄白色，后转淡绿色，孵化前紫黑色。卵块形状不一，每块有卵约300粒。

幼虫：老熟幼虫体长35～51毫米，头部黑褐色，胸、腹部土黄色、青黄色、灰褐色或暗绿色，背线、亚背线、气门下线均为灰黄色或橙黄色。

蛹：长15～20毫米，赤褐色至暗褐色，腹部第1～3节背面光滑，第4～7节背面近前缘处密布圆形刻点。腹部末端有1对弯曲的粗刺，刺基分开，尖端不呈钩状。

图4-38　斜纹夜蛾成虫、幼虫、蛹

3. 发生及危害

以幼虫取食叶片为主，在海南可全年发生，常把斑兰叶叶片和嫩茎吃光，造成严重损失。斜纹夜蛾是一种喜温性害虫，其生长发育最适宜的温度为28～30℃，相对湿度为75%～85%。

4. 防治措施

物理防治。成虫盛发期，采用荧光灯、糖醋酒液诱杀成虫。

化学防治。掌握在卵块孵化到3龄幼虫前喷洒药剂防治，可用1.8%阿维菌素乳油2 000倍液、5%锐劲特悬浮剂2 500倍液或2.5%溴氰菊酯乳油1 000倍液等。喷药宜在午后及傍晚进行。每隔7~10天喷施1次，连用2~3次。

（五）蜗牛

1. 分类地位

蜗牛，又名驼包蜒蚰，是一种无脊椎动物，腹足纲肺螺亚纲蜗牛科，属于软体动物（图4-39）。

2. 形态特征

蜗牛的壳一般呈低圆锥形，头部显著，具有触角2对，其中大的1对顶端有眼。头部腹面有口，口内具有齿舌，可用于刮取食物。

3. 发生及危害

蜗牛主要取食斑兰叶片，产卵于土中或者树上。

图4-39 蜗牛

喜欢昼伏夜出，白天多潜伏于杂草丛生、树木葱郁、农作物繁茂的阴暗潮湿环境，或者腐殖质多而疏松的土壤里，还有藏在枯枝、落叶层和洞穴中。若遇地面干燥或大暴雨后，蜗牛往往爬到树干、作物茎和叶子背面。

4. 防治措施

物理防治：清洁斑兰叶种植园，经常铲除田间、地头、垄沟旁边的杂草，及时排出积水等。

化学防治：可用6%四聚乙醛颗粒剂按照500克/亩撒施，撒施石灰等。

（六）螽斯类害虫

1. 分类地位

螽斯（Tettigoniidae），又叫蝈蝈，直翅目螽斯科（图4-40）。

2. 形态特征

螽斯是鸣虫中体型较大的一种，体长在40mm左右，身体多为草绿色，也有的是灰色或深灰色，覆

图4-40 螽斯

翅膜质，较脆弱，前喙向下方倾斜，一般以左翅覆于右翅之上。雄虫前翅具发音器。头为下口式，触角一般长于体长。

3. 发生及危害

主要栖息于丛林、草间、矮树中。1年繁殖1代，卵多产于植物组织中，或成列产于叶边缘或茎秆上。其危害方式主要是成虫和若虫咬食斑兰叶的叶片，一年一代。

4. 防治措施

蟊斯善于跳跃，不易捕捉。可利用天敌，如鸟类、螨类、鼠类、蜘蛛等对其进行物理防治。还可以选用伊维菌素、茚虫威、氟虫腈、氰戊菊酯等进行药剂防治。

（七）蝗虫类害虫

1. 分类地位

蝗虫属蝗总科蝗科直翅目昆虫，俗称蚱蜢、蚂蚱、草蜢等。主要包括飞蝗和土蝗（图4-41）。

2. 形态特征

蝗虫体色有绿色和褐色，头大，触角短；下颚发达，口器坚硬，前翅狭窄而坚韧，盖在后翅上，后翅很薄，适于飞行。蝗虫后腿发达，用后腿可以跳比身体长数十倍的距离。不完全变态昆虫，稚虫和成虫相似。

图4-41　蝗虫

3. 发生及危害

蝗虫一年两代，食性杂、食量大，成虫及幼虫均能以其发达的咀嚼式口器嚼食斑兰叶叶片。

4. 防治措施

蝗虫的防治目标是"飞蝗不起飞成灾，土蝗不扩散危害"。一般采取生态控制、生物防治和化学防治相配套的综合防治措施。

蝗虫防治一般在蝗卵孵化出土2～3龄前，可通过养鸡、养鸭防治，也可用25%马拉硫磷乳油按照200毫升/亩的用量喷雾，或喷印楝素等；或用蝗虫微孢子虫、绿僵菌、线虫等防治。

第五章 斑兰叶采收与加工技术

农产品加工是用物理、化学和生物学的方法,将农业的主、副产品制成各种食品或其他用品的一种生产活动。农产品加工业是农产品由生产领域进入消费领域的一个重要环节,一端连着田间地头,另一端伸向消费市场。斑兰叶加工是斑兰叶产业链中不可或缺的一环,它把斑兰叶鲜叶加工成为斑兰叶段、斑兰叶汁、斑兰叶粉、斑兰叶浆、斑兰叶提取物等更有价值的产品,提高斑兰叶的附加值和市场竞争力。斑兰叶各个产区必须统筹发展鲜叶产地采收、分拣和运输、产地初加工、精深加工和综合利用加工,以及产品检测、包装、贮存、养护等,促进斑兰叶加工技术创新、加工装备创制,助力斑兰叶产业高质量发展。

一、斑兰叶鲜叶采收技术

(一)斑兰叶鲜叶采收原则

斑兰叶鲜叶是指采自人工种植的新鲜斑兰叶叶片,经挑选、清洗而成。

斑兰叶鲜叶采收根据斑兰叶原料用途和机械化操作便利来确定采叶,主要有叶片采割和整株收割两种。一般食品原料采取叶片采割方法,化妆品原料可采取叶片采割方法或整株收割方法(图5-1)。

(二)斑兰叶鲜叶技术要求

1. 感官指标

斑兰叶鲜叶长条片状,长40厘米以上,叶重500克以内,无腐烂变质,无病虫害,成色新鲜,为鲜绿色至暗绿色;具有

图5-1 斑兰叶鲜叶

斑兰叶特有的气味，香气浓郁，无异味异臭，斑纹明显，无露水。

2. 污染物指标

大批量采购斑兰叶鲜叶（1 000千克以上）时，应要求供货方提供斑兰叶原料样品（1 000克左右），经质量检验室检验，重金属和微生物指数符合收购标准。鲜叶污染物指标见表5-1。

表5-1　鲜叶污染物指标

项目		指标值	检验方法
铅（以Pb计），毫克/千克	≤	0.3	GB 5009.12
总砷（以As计），毫克/千克	≤	0.5	GB 5009.11
总汞（以Hg计），毫克/千克	≤	0.01	GB 5009.17
镉（以Cd计），毫克/千克	≤	0.2	GB 5009.15
铬（以Cr计），毫克/千克	≤	0.5	GB 5009.123

3. 农药残留限量指标

经质量检验室检验，斑兰叶鲜叶农药残留应符合收购标准。鲜叶农药残留指标见表5-2。

表5-2　鲜叶农药残留指标

项目		指标值	检验方法
毒死蜱，毫克/千克		不得检出	GB 23200.8、GB 23200.113、GB 23200.116
啶虫脒，毫克/千克	≤	0.2	GB/T 23584

注：其他农药残留限量应符合GB 2763和有关规定对叶菜类的要求。

4. 斑兰叶鲜叶等级标准

斑兰叶鲜叶等级分为特级和优级，首先在感官符合通过标准，农残、重金属和微生物指数不超标的基础上，以植物叶绿素含量为质量认定标准，并且以叶绿素含量的多少评判斑兰叶鲜叶等级。斑兰叶鲜叶等级标准和植物叶绿素含量标准见表5-3。

表5-3　斑兰叶鲜叶等级

等级	感官质量	农残、重金属标准	叶绿素
特级	通过	不超标	平均值60克/千克以上
优级	通过	不超标	平均值40克/千克以上

注：叶绿素的含量为现场用叶绿素检测仪检测得出结果。

（三）斑兰叶叶片采割技术要点

1. 采叶

采收斑兰叶植株顶部第5片以下且符合采收标准的叶片。采收的斑兰叶叶片一般长度>40厘米，中部宽度>3厘米（图5-2）。

图5-2　斑兰叶鲜叶采收

2. 分拣

斑兰叶鲜叶送厂前需做好分拣整理工作，每捆600～800片叶，约10千克，挂好采购方分发的统一标牌并填写好标牌信息。

需将检验感官不达标、农残、重金属超标和叶绿素不达标等有残次叶片分拣出。

3. 贮存

采收的斑兰叶鲜叶应放于阴凉处，避免太阳直晒。分拣整理成捆鲜叶在仓库整齐摆放，等待运输。

4. 运输

斑兰叶鲜叶采后应注意保鲜，宜当天装车运送至斑兰叶加工厂；采用冷藏车运输可隔天送达。

（四）斑兰叶收购流程及价格

1. 收购流程

①收购方发布斑兰叶采购计划和公开采购通知，接收各供货方报名。

②收购方审核各供货方资格并现场核查斑兰叶种植基地，审定通过后成为指定斑兰叶原料供货方，并签订采购合同。

③收购方根据生产计划将提前与供货方联系下达收购斑兰叶鲜叶订单。

④供货方需按照分拣标准做好斑兰叶鲜叶分拣、包装和运输。

⑤入厂检验。收购方严格按照斑兰叶鲜叶感官标准和叶绿素标准进行验收。对农残重金属超标的斑兰叶鲜叶予以拒收。

2. 收购价格

①政府部门指导收购方与供货方签订斑兰叶鲜叶收购最低保护价，保障种植户基本权益。

②供货方根据市场实际生产计划将在规定的时间内发布斑兰叶鲜叶收购价格。

二、斑兰叶干叶加工技术

（一）斑兰叶干叶

斑兰叶干叶是指斑兰叶鲜叶经挑选、清洗、切段后经烘箱干燥而成的斑兰叶初加工成品，与斑兰叶鲜叶相比，斑兰叶干叶的色泽和香气有所损失，颜色呈黄绿色或橄榄褐色（图5-3）。

图5-3　斑兰叶切段和成品干叶

斑兰叶干叶可用于制作斑兰叶茶、香包等（图5-4）。

图5-4　斑兰叶茶

（二）斑兰叶干叶加工技术要点

1. 选叶

选择颜色碧绿或翠绿的新鲜斑兰叶叶片，无霉变，符合相应的标准和规定。

2. 清洗

使用流动水清洗斑兰叶叶片上的尘土等杂质。用水应符合GB 5749的规定。

3. 切段

将晾干的斑兰叶片切割为长度0.5~2厘米的小段，并摆盘。

4. 烘干

在烘箱105℃下杀青斑兰叶叶段30分钟，然后在65℃下烘干斑兰叶叶段至恒重。

5. 包装

烘干的斑兰叶干叶冷却至室温后，使用防潮密封袋装。

6. 贮存

成品斑兰叶干叶应贮存在避光、通风、阴凉、干燥的库房内，离墙离地存放。严禁与有毒、有害、有污染、有异味的物品混放。

（三）斑兰叶干叶加工技术要求

1. 原料要求

①原料要求应新鲜，无霉变、无劣变、无虫蛀，符合斑兰叶鲜叶采收相应的标准和规定。

②生产用水要求应符合GB 5749的有关规定。

2. 感官要求

斑兰叶干叶应符合表5-4的要求。

表5-4　干叶感官要求

项目	要求	检验方法
色泽	黄绿色或橄榄褐色	将适量被测样品置于一洁净的白色搪瓷皿中，在自然光线下用肉眼观察其色泽、性状和杂质，并嗅其气味
性状	片状	
气味	具有斑兰叶特有的气味	
杂质	无正常视力可见的外来杂质	

3. 污染物指标

干叶污染物指标应符合表5-5的规定。

表5-5　干叶污染物指标

项目		指标值	检验方法
铅（以Pb计），毫克/千克	≤	1.0	GB 5009.12
总砷（以As计），毫克/千克	≤	1.0	GB 5009.11
总汞（以Hg计），毫克/千克	≤	0.03	GB 5009.17
镉（以Cd计），毫克/千克	≤	0.5	GB 5009.15
铬（以Cr计），毫克/千克	≤	1.5	GB 5009.123

4. 农药残留限量

干叶农药残留指标应符合表5-6的规定。

表5-6　干叶农药残留指标

项目		指标值		检验方法
毒死蜱，毫克/千克		不得检出		GB 23200.8、GB 23200.113、GB 23200.116
啶虫脒，毫克/千克	≤	0.2	1.0	GB/T 23584

注：其他农药残留限量应符合GB 2763和有关规定对叶菜类的要求。

5. 生产加工过程中的卫生要求

干叶生产加工过程中应符合GB 14881的规定。

三、斑兰叶汁加工技术

（一）斑兰叶汁

斑兰叶汁是指以人工种植的斑兰叶鲜叶为主要原料，经挑选、清洗、切段、破碎、压榨、过滤等工艺生产制成的作为原料用的汁（图5-5）。其加工简便，可操作性强，普通老百姓在家即可操作。但由于鲜叶不能长时间保存，斑兰叶汁的使用人群和地域受到限制。

图5-5　斑兰叶汁

速冻斑兰叶汁，指以人工种植的斑兰叶鲜叶为主要原料，经挑选、清洗、破碎、压榨、过滤、均质、灌装、速冻等工艺生产制成的作为原料用的汁。速冻斑兰叶汁能长时间保存，使用人群和地域不受到限制（图5-6、图5-7）。

图5-6　冷冻浓缩斑兰叶汁生产流程

 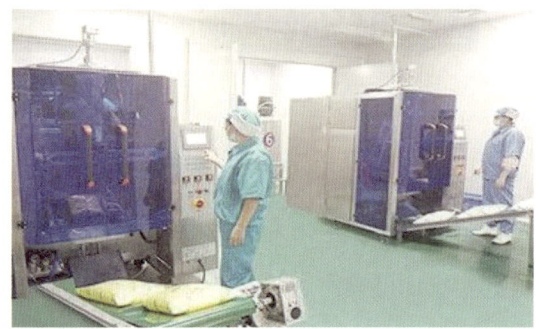

图5-7 斑兰叶汁生产与加工

斑兰叶汁可用于制作斑兰糕点、甜品、粽子、面条、馒头等美食。

（二）斑兰叶汁加工技术要点

1. 选叶

选择颜色碧绿或翠绿的新鲜斑兰叶叶片，无霉变，符合相应的标准和规定。

2. 清洗

使用流动水清洗斑兰叶叶片上的尘土等杂质。用水应符合GB 5749的规定。采收的斑兰叶叶片如有剩余，应清洗、擦干后用保鲜袋盛装，密封后置于冰箱冷藏保存，期限不宜超过5天。

3. 切段

将晾干的斑兰叶叶片切割为长度2厘米左右的小段。

4. 绞碎

切段的斑兰叶叶片放入榨汁机或食物搅拌机等设备中，加入叶片重量2倍的饮用水，开机将叶片全部绞碎。

5. 榨汁、过滤

绞碎的斑兰叶用手或布袋等工具挤压、过滤，将斑兰叶叶渣和汁液分离。

6. 冷藏和使用

将过滤后的斑兰叶汁液用容器盛装，密封后置于冰箱中，冷藏约10小时，倒去上清液，即得到斑兰叶汁。

（三）速冻斑兰叶汁加工技术要点

1. 选叶

选择颜色碧绿或翠绿的新鲜斑兰叶叶片，无霉变，符合相应的标准和规定。

2. 清洗

使用流动水清洗斑兰叶叶片上的尘土等杂质。用水应符合GB 5749的规定。采收的斑兰叶叶片如有剩余，应清洗、擦干后用保鲜袋盛装，密封后置于冰箱冷藏保存，期限不宜超过5天。

3. 切段

将晾干的斑兰叶叶片切割为长度2厘米左右的小段。

4. 绞碎

切段的斑兰叶片放入榨汁机或食物搅拌机等设备中，加入叶片重量2倍的饮用水，开机将叶片全部绞碎。

5. 榨汁、过滤

绞碎的斑兰叶在洁净的环境下榨汁、过滤，将斑兰叶叶渣和汁液分离。

6. 均质

使用高压均质机对斑兰叶汁进行均质，一般在常温下进行，最大限度地维持斑兰叶汁原有的营养。

7. 速冻

经均质后的斑兰叶汁在-38℃快速冷冻，从榨汁到速冻，整个过程在30分钟内完成，能有效保留斑兰叶的新鲜风味和营养成分。

8. 灌装

经均质后的斑兰叶汁进行灌装。产品包装材料应符合GB 4806.7或GB/T 28118的要求。销售外包装应符合GB 23350和GB/T 6543的要求。

9. 贮存

灌装速冻斑兰叶汁应贮存于-18℃的冷库内，冷库应定期清洁、消毒、无异味，不得与有毒、有害、有异味、易挥发、易腐蚀或其他可能影响产品品质的物品混放储存。

10. 出厂检验

每批速冻斑兰叶汁应经质检部门检验合格并附有合格证方可出厂。出厂检验项目为：感官要求、可溶性固形物、净含量。

11. 运输

产品应在-18℃的运输工具内运输，运输工具必须清洁、干燥、无异味、无污染；运输时应防雨、防潮、防暴晒；装卸时轻放轻卸，不得与有毒、有害、有异味或其他可能影响产品品质的物品混装、混运。

（四）速冻斑兰叶汁技术要求

1. 感官要求

速冻斑兰叶汁感官应符合表5-7的要求。

表5-7　感官要求

项目	要求	检验方法
色泽	产品自然解冻后，为淡绿色至绿色	取适量试样置于洁净的白色瓷盘中，在自然光线下用肉眼观察其色泽、性状和杂质，并嗅其气味，用温开水漱口，品其滋味
滋味与气味	产品自然解冻后，具有斑兰叶鲜叶的香气，无异味	
性状	冻结状，产品自然解冻后，应清澈或略带混浊，允许有少量沉淀或分层，但摇动后混浊均匀，无结块	
杂质	产品自然解冻后，无正常视力可见的外来杂质	

2. 理化指标

速冻斑兰叶汁理化指标应符合表5-8的要求。

表5-8　理化指标

项目		指标值	检验方法
可溶性固形物（20℃，以折光计），%	≥	3.0	GB/T 12143
角鲨烯，毫克/千克	≥	100	T/HIFSA 0006—2024

3. 污染物限量

速冻斑兰叶汁污染物限量应符合表5-9的要求。

表5-9　污染物限量

项目		指标值	检验方法
铅（以Pb计），毫克/千克	≤	1.0	GB 5009.12

注：其他污染物限量应符合GB 2762的要求。

4. 微生物限量

速冻斑兰叶汁致病菌限量应符合表5-10的要求。

表5-10 致病菌限量

项目	采样方案（若非指定，均以/25毫升表示）				检验方法
	n	c	m	M	
沙门氏菌	5	0	0	—	GB 4789.4
金黄色葡萄球菌	5	1	100 CFU/毫升	1 000 CFU/毫升	GB 4789.10

n为同一批次产品应采集的样品件数；c为最大可允许超出m值的样品数；m为微生物指标可接受水平限量值（三级采样方案）或最高安全限量值（二级采样方案）；M为微生物指标的最高安全限量值。

注：样品的处理及采集按GB 4789.1及GB 4789.25执行。

5. 净含量

速冻斑兰叶汁应符合《定量包装商品计量监督管理办法》的要求，并按JJF 1070规定的方法执行。

6. 农药残留限量

速冻斑兰叶汁农药残留限量应符合GB 2763的规定。

7. 卫生要求

速冻斑兰叶汁加工过程应符合GB 14881的要求。

8. 保质期要求

速冻斑兰叶汁保质期为不低于12个月。

四、斑兰叶粉加工技术

（一）斑兰叶粉

斑兰叶粉是采用斑兰叶鲜叶经低温干燥的方式加工而成（图5-8）。该工艺能有效保护斑兰叶粉叶片的天然绿色，解决鲜叶不耐储运、风味和色泽难以保持、使用工艺繁、综合利用率低等问题。斑兰叶粉可用于烘焙、饮品、冰品、甜品等食品，以及药品、化妆品等行业。

斑兰叶烘干粉以人工种植的斑兰叶鲜叶为原料，经挑选、清洗、切割、烘干或低温真空干燥、粉碎、过筛、添加或不添加麦芽糊精等食品添加剂、搅拌或不搅拌、包装等工艺制成的作为原料用的粉末。

斑兰叶冻干粉，是以人工种植的斑兰叶鲜叶为原料，经挑选、清洗、切割、真空冷冻干燥、粉碎、过筛、添加或不添加麦芽糊精等食品添加剂、搅拌或不搅拌、包装等工艺制成的作为原料用的粉末。

斑兰叶速溶粉是指以人工种植的斑兰叶鲜叶为原料，经挑选、清洗、切割、榨汁、过滤、添加麦芽糊精等食品添加剂、搅拌、杀菌、均质、喷雾干燥、研磨或不研磨、包装等工艺制成的粉末。

图5-8　斑兰叶粉

（二）斑兰叶粉加工技术要点

1. 选叶（图5-9）

选择颜色碧绿或翠绿的新鲜斑兰叶叶片，无霉变，符合相应的标准和规定。

图5-9　选叶

2. 清洗（图5-10）

使用流动水清洗斑兰叶叶片上的尘土等杂质，在室温下晾干叶片表面水分。采收的斑兰叶叶片应在采收后24小时内加工完毕，用水应符合GB 5749的规定。

图5-10 清洗

3. 切段（图5-11）

将晾干水分的斑兰叶叶片用切丝机切割成长度约0.5厘米的小段。

图5-11 切段

4. 干燥（图5-12）

斑兰叶叶段根据制作烘干粉、冻干粉、速溶粉不同要求，采用烘干、低温真空干燥、真空冷冻干燥、喷雾干燥等设施，干燥至含水量在7%以下。

图5-12　低温冷冻干燥

5. 粉碎（图5-13）

干燥后的斑兰叶叶段应及时用超微粉碎机等设备粉碎成粉，斑兰叶粉细度应在100目以上。

图5-13　低温超微粉碎研磨

6. 过筛、添加、搅拌

对斑兰叶粉过筛，保证细度，并根据使用工艺确定添加或不添加麦芽糊精等食品添加剂、搅拌或不搅拌。添加的麦芽糊精应符合GB/T 20882.6的要求。

7. 半成品检验（图5-14）

经相关人员检验，斑兰叶粉色泽、香气等感官指标符合要求，方可进入包装工序。

图5-14　半成品

8. 包装

斑兰叶粉采用具有避光作用的铝箔复合袋包装，包装袋封口要求牢固、美观、整洁，生产日期清晰。包装完毕，将成品放置于待验区，并清理包装车间。包装材料应符合GB 4806.7或GB/T 28118的规定，销售外包装应符合GB 23350和GB/T 6543的要求，标签标示应符合GB 7718和GB 28050的要求。

9. 成品检验

检查斑兰叶粉产品名称与合格证的标识是否一致，并按执行标准出厂检验要求进行检测。经检测合格，方可通知仓管员办理入库手续。

10. 入库

检测合格的斑兰叶粉，由仓管员办理入库手续，并移至合格品区。

11. 贮存

斑兰叶粉产品应贮于常温、清洁、干燥、通风、无异味的仓库内避光贮存。不得与有毒、有害、有异味、易挥发、易腐蚀或其他可能影响产品品质的物品混放储存。

12. 出厂检验

每批斑兰叶粉应经质检部门检验合格并附有合格证方可出厂。出厂检验项目包括感官要求、水分、菌落总数、大肠菌群、净含量。

13. 运输

斑兰叶粉运输工具必须清洁、干燥、无异味、无污染;运输时应防雨、防潮、防暴晒;装卸时轻放轻卸,不得与有毒、有害、有异味或其他可能影响产品品质的物品混装、混运。

(三)斑兰叶粉技术要求

1. 感官要求

斑兰叶粉感官应符合表5-11的要求。

表5-11 感官要求

项目	要求	检验方法
色泽	青绿色至暗绿色	取适量试样置于洁净的白色瓷盘中,在自然光线下用肉眼观察其色泽、性状和杂质,并嗅其气味,用温开水漱口,品其滋味
滋味与气味	具有斑兰叶鲜叶特有的气味和滋味,无异味	
性状	疏松的粉末状,无结块	
杂质	无正常视力可见的外来杂质	

2. 理化指标

斑兰叶粉理化指标应符合表5-12的要求。

表5-12 理化指标

项目		指标值			检验方法
		烘干粉	冻干粉	速溶粉	
水分,克/100克	≤	7.0			GB 5009.3
细度[筛孔内径,150微米(100目标准筛)通过率],%	≥	99.5	99.8	99.0	GB/T 22427.5
角鲨烯,毫克/千克	≥	180	150	120	T/HIFSA 0006—2024

3. 污染物限量

斑兰叶粉污染物限量应符合表5-13的要求。

表5-13 污染物限量

项目		指标值	检验方法
铅(以Pb计),毫克/千克	≤	1.0	GB 5009.12

注:其他污染物限量应符合GB 2762的要求。

4. 农药残留限量

斑兰叶粉农药残留限量应符合表5-14的要求。

表5-14 农药残留限量

项目		指标值	检验方法
毒死蜱，毫克/千克	≤	不得检出	GB 23200.113
啶虫脒，毫克/千克	≤	1.0	GB/T 23584

注：其他农药残留限量应符合GB 2763的要求。

5. 微生物限量

斑兰叶粉微生物限量应符合表5-15的要求。

表5-15 微生物限量

项目	采样方案（若非指定，均以CFU/克表示）				检验方法
	n	c	m	M	
菌落总数	5	2	10^4	5×10^4	GB 4789.2
大肠菌群	5	2	10	10^2	GB 4789.3
霉菌	≤		50		GB 4789.15
沙门氏菌	5	0	0/25克	—	GB 4789.4

n为同一批次产品应采集的样品件数；c为最大可允许超出m值的样品数；m为微生物指标可接受水平限量值（三级采样方案）或最高安全限量值（二级采样方案）；M为微生物指标的最高安全限量值。

注：样品的处理及采集按GB 4789.1及GB 4789.25执行。

6. 净含量

斑兰叶粉应符合《定量包装商品计量监督管理办法》的要求，并按JJF 1070规定的方法执行。

7. 食品添加剂

斑兰叶粉食品添加剂的使用应符合GB 2760的规定。

8. 卫生要求

斑兰叶粉生产加工过程应符合GB 14881的要求。

9. 保质期要求

斑兰叶粉保质期为不低于12个月。

五、斑兰叶提取物生产技术

（一）斑兰叶提取物

斑兰叶提取物是以斑兰叶为原料，按照对提取的最终产品的用途的需要，经过物理化学提取分离过程，定向获取和浓集植物中的某一种或多种有效成分，而不改变其有效成分结构而形成的产品。斑兰叶的提取物和挥发油中主要含有大量的角鲨烯、甾醇、不饱和脂肪酸、醛、酯等。斑兰叶提取物可应用于食品/食品添加剂、保健产品、原料药、日化品/化妆品等。

目前，斑兰叶在化妆品领域已成功研制出特色植物新原料。斑兰叶提取物有很好的保湿功效，是很好的保湿剂新原料，可用于各类肤用化妆品；同时，斑兰叶内含较多的多糖、多酚、黄酮类等活性成分，在皮肤保护等方面也具有很好的功效。

（二）斑兰叶提取物技术要点

1. 原料来源

使用新鲜斑兰叶叶片，将常见的农残、重金属指标纳入斑兰叶质量控制指标，并按批次严格检测，保证产品质量安全。

2. 制备工艺

采摘的斑兰叶，经洗涤、干燥、粉碎、提取、浓缩、复配、过滤、灭菌制得提取物。

3. 原料组成

组成：斑兰叶（*Pandanus amaryllifolius*）叶提取物、水、丁二醇、对羟基苯乙酮、1,2-己二醇。

含量：总酚≥0.7毫克/毫升；还原糖≥4.0毫克/毫升。

（三）斑兰叶提取物技术要求

1. 性状指标

斑兰叶提取物性状指标应符合表5-16的要求。

表5-16 性状指标

项目	指标
颜色	棕黄色
性状	透明至半透明液体

（续表）

项目	指标
气味	特征性气味
其他	

2. 理化常数

斑兰叶提取物理化常数应符合表5-17的要求。

表5-17　理化常数

项目	指标值
固体含量	2.0%～4.0%
折光率	1.390～1.410
pH值	5.0～7.0
比重	1.010～1.040

3. 安全指标

斑兰叶提取物安全指标应符合表5-18的要求。

表5-18　安全要求

项目	指标值
安全使用量（化妆品使用时的最大允许浓度）	驻留类体用≤8%；其他产品≤30%
其他限制和要求	根据目前科学认知，尚无其他限制和要求

4. 其他要求

斑兰叶提取物其他要求应符合表5-19的要求。

表5-19　其他要求

项目	指标
注意事项	请勿用于喷雾类等具有吸入暴露、唇膏类等具有经口暴露以及孕妇、哺乳期妇女及婴幼儿使用产品中
警示用语	避免误吸

（续表）

项目	指标
贮存条件	塑料瓶密封包装，置于干燥通风处存放，避免高温或阳光直射，存贮温度以5~25℃为宜
使用期限	24个月

六、斑兰叶产品检测技术

（一）斑兰叶中角鲨烯的测定

测定斑兰叶（浆、汁、粉）中角鲨烯的含量有3种方法：气相色谱法、气相色谱-质谱法和高效液相色谱法。当称取样品0.2克时，气相色谱法的定量限为30毫克/千克，气相色谱-质谱法的定量限为2.5毫克/千克，高效液相色谱法的定量限为30毫克/千克。

采用气相色谱法测定斑兰叶（浆、汁、粉）中角鲨烯的含量原理：样品经过氢氧化钾-乙醇溶液皂化后，其中的角鲨烯用正己烷提取，采用气相色谱法测定，外标法定量。

1. 试剂与材料

①氢氧化钾（KOH）。

②无水乙醇（CH_3CH_2OH）。

③正己烷（C_6H_{14}）：色谱纯。

④水（一级水）。

2. 试剂配制

（1）氢氧化钾-乙醇溶液（约2毫升/升）

准确称取（112.0±0.1）克氢氧化钾，加入200毫升的无水乙醇进行溶解，然后用无水乙醇稀释定容至1 000毫升。

（2）角鲨烯标准品

$C_{30}H_{50}$，CAS号：111-02-4，纯度≥98.0%。

（3）标准溶液配制

角鲨烯标准储备液（1.00毫克/毫升）：准确称取按其纯度折算为100%质量的角鲨烯标准品100毫克（精确至0.000 1克），加正己烷溶解并置于100毫升棕色容量瓶中，定容至刻度，摇匀，得到浓度为1.00毫克/毫升的标准储备液。标准储备液可于4℃条件下避光保存3个月。

角鲨烯标准中间液（100微克/毫升）：准确吸取1.00毫升角鲨烯标准储备液于10毫升

棕色容量瓶中，用正己烷定容至刻度，混匀备用。

角鲨烯标准系列工作溶液：分别吸取适量角鲨烯标准储备液或中间液，用正己烷稀释，使标准工作溶液浓度分别为10微克/毫升、20微克/毫升、50微克/毫升、100微克/毫升、200微克/毫升、500微克/毫升。

3. 仪器和设备

①气相色谱仪：配氢火焰离子检测器（FID）。

②分析天平：精度0.000 1克。

③涡旋振荡器。

④恒温水浴锅。

⑤离心机。

⑥氮吹仪。

⑦组织捣碎机。

⑧超声仪。

4. 试样制备

（1）斑兰叶

取一定数量的具有代表性的样品，用组织捣碎机粉碎，样品充分混合均匀后，备用。

（2）斑兰粉、斑兰浆和斑兰汁

取一定数量的具有代表性的样品，充分混合均匀后，备用。

5. 分析步骤

（1）称样

称取0.2克试样（精确至0.000 1克），置于15毫升离心管中。

（2）提取

于装有试样的离心管中加入2毫升氢氧化钾-乙醇溶液，置超声仪75℃水浴中超声皂化30分钟后，取出离心管，冷却至室温；加入2毫升水，1毫升正己烷提取，离心管至涡旋振荡器混匀5分钟，充分提取；5 000转每分钟离心5分钟，转移上清液至10毫升玻璃试管中。再用1毫升正己烷重复提取操作3次，并将4次提取的上清液合并至10毫升玻璃试管中，置于涡旋振荡器中混匀，用氮吹仪吹干，立即加入1毫升正己烷复溶，振摇1分钟，过0.22微米滤膜上机。

（3）气相色谱参考条件

色谱柱：HP-5毛细管（30米×0.25毫米×0.25微米）色谱柱，或等效色谱柱。

进样口温度：280℃。

升温程序：160℃保持1分钟，以15℃每分钟速率升至220℃（保持2分钟），再以5℃

每分钟速率升至280℃（保持22分钟）。

载气：高纯氮气（纯度99.999%），流速1.0毫升/分，分流比4∶1。

FID检测器温度：280℃，氢气流速40毫升/分，空气流速300毫升/分，尾吹气（N_2）30毫升/分。

进样量：1微升。

标准曲线的制作。将角鲨烯标准系列工作溶液依次按上述推荐色谱条件上机测定，记录色谱图峰面积，以标准工作溶液的浓度为横坐标，以峰面积为纵坐标，绘制标准曲线。

（4）试样溶液的测定

在上述色谱条件下测得样品溶液中角鲨烯的保留时间，与标准溶液的保留时间比较定性，以色谱峰峰面积定量。

空白试验。除不加试样外，均按上述步骤进行操作。

6. 结果计算

样品中角鲨烯含量按式（5-1）计算：

$$X=\frac{(P-p_0 \times V \times D)}{M} \qquad (5-1)$$

式中：

X——试样中角鲨烯的含量，毫克/千克；

P——试样提取液中角鲨烯的质量浓度，微克/毫升；

p_0——空白溶液中角鲨烯的质量浓度，微克/毫升；

V——试样提取液体积，毫升；

M——样品称样量，克；

D——稀释倍数。

7. 精密度

在重复性条件下获得的两次独立测试结果的绝对差值不得超过算术平均值的10%。

（二）斑兰叶中叶绿素的测定

测定斑兰叶及其制品中叶绿的含量方法有多种，其中主要有原子吸收光谱法和分光光度法。

采用分光光度法测定是利用分光光度计测定斑兰叶及其制品中叶绿素提取液在最大吸收波长下的吸光值，并根据经验公式可分别计算出叶绿素a、叶绿素b和总叶绿素的含量。试样中的叶绿素用无水乙醇和丙酮的1∶1混合液提取，试液分别测定645纳米和663纳米处吸光度值，利用Arnon公式计算试样叶绿素含量。叶绿素a的线性范围为0.004~0.018毫克/克，叶绿素b的线性范围为0.005~0.020毫克/克。

1. 试剂与材料

所用水为GB/T 6682中"分析实验室用水规格和试验方法"规定的三级水及以上，试剂均为分析纯试剂。

①无水乙醇。

②丙酮。

③提取剂：无水乙醇和丙酮的1：1混合液。

2. 仪器

①分光光度计。

②分析天平（±0.01克）。

③高速组织捣碎机：0~2 000转/分。

3. 分析步骤

（1）试样制备

含水量较多的样品。取代表性斑兰叶样品，切碎，混匀，用组织捣碎机制成匀浆，备用。

含水量较少的制品。取代表性斑兰叶样品，按1：1的比例加入蒸馏水，用组织捣碎机制成匀浆，备用。

（2）试液制备

深绿色样品、准确称取0.5克试样于三角瓶中，加入100毫升提取剂。绿色样品，准确称取0.5克试样于三角瓶中，加入10毫升提取剂。浅绿色样品，称取2.0~5.0克试样于三角瓶中，加入10毫升提取剂。三角瓶用封口膜密封，室温下避光静置提取5小时，过滤，滤液待测。

注意：光照和高温会使叶绿素发生氧化和分解，试液制备时应避免高温和光照。

（3）试液的测定

以提取剂为空白溶液，调零点。分别在645纳米和663纳米处测定试液的吸光度值。

（4）结果计算

试样中叶绿素a含量、叶绿素b含量和叶绿素总含量均以质量分数W表示，单位为毫克每克（毫克/克），分别按式（5-2）、式（5-3）和式（5-4）计算。

$$W_1 = (12.72 \times A_1 - 2.59 \times A_2) \times V/(1\,000 \times M) \qquad (5-2)$$

式中：

W_1——叶绿素a含量，毫克/克；

A_1——试液在663纳米处的吸光值；

A_2——试液在645纳米处的吸光值；

V——试液体积，毫升；

M——试液质量，克。

计算结果保留3位有效数字。

$$W_2=（22.88\times A_2-4.67\times A_1）\times V/（1\,000\times M） \quad (5-3)$$

式中：

W_2——叶绿素b含量，毫克/克。

计算结果保留3位有效数字。

$$W_3=（8.05\times A_1+20.29\times A_2）\times V/（1\,000\times M） \quad (5-4)$$

式中：

W_3——叶绿素总含量，毫克/克。

计算结果保留3位有效数字。

（5）精密度

在重复性条件下获得的2次独立测定结果的绝对差值不大于这2个测定值算术平均值的10%。

第六章 中国斑兰叶产业发展趋势

斑兰叶作为具有独特香味的天然香料植物，在食品、饮料、化妆品、大健康领域等都有广泛的应用前景，全球斑兰市场正呈现出快速增长的趋势。未来几年，随着终端市场需求的扩大，中国斑兰叶种植面积和产量都将持续增长，产业链也将不断完善。本章综合分析中国斑兰叶产业发展机遇、发展挑战、发展优势和发展劣势，提出中国斑兰叶产业发展思路和产业发展对策，以更好推动优化产业政策，服务区域乡村振兴，辐射全国烘焙、饮食、香精香料行业，提升中国斑兰叶产业的全球竞争力，促进斑兰叶产业高质量发展。

一、斑兰叶产业发展分析

（一）斑兰叶产业发展机遇

1. 林下经济政策支持

党中央、国务院高度重视发展林下经济。2012年，国务院办公厅印发《关于加快林下经济发展的意见》；2014—2015年，国家林业局发布《全国集体林地林下经济发展规划纲要（2014—2020年）》《全国集体林地林药林菌发展实施方案（2015—2020年）》；2019年，全国人大常委会修订发布《中华人民共和国森林法》；2020年，国家发改委等10部门联合发布《关于科学利用林地资源促进木本粮油和林下经济高质量发展的意见》；2021年，国家林草局、国家发改委联合发布《"十四五"林业草原保护发展规划纲要》，国家林草局发布《全国林下经济发展指南（2021—2030年）》；2022年，国家林草局发布《林草产业发展规划（2021—2025年）》。林下经济正在以特有的优势进入高速、全面的发展机遇期。

我国热带地区省份也十分重视发展林下经济，出台了一系列支持发展林下经济的政策。海南、广东、广西、云南、福建等省份根据自身区域特色，出台了针对性地发展林下经济指导意见、规划及财政资金扶持政策，促进了热带林下经济快速发展。

斑兰叶耐荫蔽，宜半光照种植，是林下间作的优势经济作物。作为斑兰叶主要产地，海南省十分重视林下经济产业。橡胶、椰子、槟榔、油茶、沉香、花梨等产业是海南重点发展的热带特色高效农业。2022年海南省第八次党代会报告中提出，进一步做好橡胶、椰子、槟榔、油茶、沉香、花梨"六棵树"文章，使之成为海南百姓的"摇钱树"。《海南省林下经济高质量发展实施方案（2023—2025年）》，将斑兰叶作为林下经济的重点作物产业。2022年11月，海南省农业农村厅《关于发布十大天然橡胶林下经济发展模式的通知》，把"橡胶林下种植斑兰叶模式"列为十大天然橡胶林下经济发展模式之一。

2. 光伏农业政策支持

近年来，我国光伏产业蓬勃发展，对土地资源的需求激增。中国光伏行业协会数据显示，2021年我国新增光伏装机量5 488万千瓦，预计2025年，我国年均新增光伏装机规模将达9 900万千瓦。在当下光伏行业快速发展的浪潮下，光伏农业扮演着重要的角色，具有广阔的发展前景。

国家能源局等多部门都曾发布相关政策支持"光伏+农业"等光伏复合项目的建设。2017年10月，国土资源部等3部委联合发布《关于支持光伏扶贫和规范光伏发电产业用地的意见》，提出"光伏方阵使用永久基本农田以外的农用地的，在不破坏农业生产条件的前提下，可不改变原用地性质"。2021年12月，国家能源局、农业农村部、国家乡村振兴局联合印发《加快农村能源转型发展助力乡村振兴的实施意见》明确鼓励能源企业发挥资金、技术优势，建设光伏+现代农业。农业企业、村集体在光伏板下开展各类经济作物规模化种植，提升土地综合利用价值。2022年11月，工信部等部委在组织开展第三批智能光伏试点示范活动中，明确支持在设施农业、规模化种养、渔业养殖、农产品初加工等生产场景发展农光互补、生光互补、渔光互补等生态复合模式，建立"光伏+农业"互补分布式有效供应机制。2023年3月，自然资源部办公厅等发布《关于支持光伏发电产业发展规范用地管理有关工作的通知》，明确规范项目用地管理，用地不得占用耕地，占用其他农用地的，应根据实际合理控制，节约集约用地，尽量避免对生态和农业生产造成影响。

斑兰叶耐荫蔽，宜半光照种植，是光伏下间作的优势经济作物，系列的光伏农业政策为斑兰叶产业扩大发展提供了有利条件和资源。

（二）斑兰叶产业发展挑战

随着行业的发展，种植的规范和要求会不断提高，斑兰叶种植单位和个人要重视产业发展中的多种风险因素，在投入到斑兰叶种植产业之前，要多方面了解种植技术、法律法规、行业政策、行业发展、商业潜力等因素，全方面考虑周全并制定相应的应对方案，才能保障斑兰叶产品种植长期健康有序地发展。

第一，要重点关注产业政策风险。斑兰叶作为一个全新产业，虽然在海南、广东已有很久的食用历史，但对全国食品行业来说还是全新的产品。国家对全新的行业、全新的食品必然会采取谨慎的保守管理政策，在政策不完善的情况下，产品使用商家就算愿意采用斑兰叶原材料,也不可能立刻采取大规模生产的商业策略。现在斑兰叶已通过海南省卫健委审查,通过了海南省食品安全地方标准。此外,海南的"斑兰粉""斑兰浆"团体标准已正式发布,但其他省份尚未全部认可。

第二,要重点关注产业标准化体系。目前海南省地方标准《斑兰叶(香露兜)种苗》《斑兰叶(香露兜)种苗繁育技术规程》《林下间作斑兰叶(香露兜)技术规程》和若干团体标准等标准文件的发布实施,为斑兰叶种苗质量、种苗繁育以及林下间作栽培提供了技术标准,这对于提升斑兰叶种苗质量、确保优质斑兰叶种苗的标准化生产、规范林下间作斑兰叶种植技术,推动斑兰叶产业的健康持续发展具有深远意义。

第三,要重点关注企业配套建设。在斑兰叶种植产业下游——食品加工产业中,相关企业正蓄势待发加紧建设。海南加工企业中专注于斑兰叶加工的企业有10家左右,包括南国、南派、联越、兴科等。更多的社会资本也嗅到了新商机,支持资金陆续进入。海南海口、文昌、万宁、儋州等地加工企业正紧锣密鼓地加紧建设,海南省外的浙江、广东等省的食品行业也开始提前布局斑兰叶产业。随着这些企业陆续开工生产,就会形成庞大的斑兰叶鲜叶采购需求。

第四,发展斑兰叶种植要慎重选择种苗。斑兰叶种植的技术要求较低,有利于农业种植的广泛推广。但斑兰叶种植产业的健康发展都依托于加工行业对斑兰叶鲜叶的需要,只有符合加工企业标准的斑兰叶才有商业价值。要根据加工企业的收叶标准选择适合的斑兰叶种苗,执行规范的种植标准,最终才能收获符合企业规范要求的斑兰叶鲜叶,才能进入加工企业进行大规模生产和流通。因此,斑兰叶种植从业者需要根据市场需求和消费者需求,优化种苗,优化种植技术。

第五,斑兰叶种植前要注意土地使用风险。与相关部门确认土地性质是否符合斑兰叶种植要求。《基本农田保护条例》明确规定了永久基本农田不得种植杨树、桉树、构树等林木,不得种植草坪、草皮等用于绿化装饰的植物,不得种植其他破坏耕作层的植物。斑兰叶不属于归属于热带林下经济作物。因此斑兰叶不可种植在永久性农田。斑兰叶作为热带林下经济作物是可以在种橡胶、槟榔、椰了、波罗蜜等林下种植的。而种植在基本农田中的斑兰叶存在非法使用土地的危险,其收益不能得到法律法规的保障,应予以警惕。

第六,斑兰叶种植还要注意气候灾害风险。斑兰叶生产地多属于热带海洋性气候,全年高温多雨,夏季是台风多发季节。随时关注天气预报了解台风的路径、强度和影响时间,以便做好防范准备。还需要防范其他自然灾害如高温、山洪。做好排水设施、防风设施、加固设施、清除淤泥、补肥培土、关注病虫害等防范措施,以免给斑兰叶种植带来不可预测的损失。

第七,资金风险也需要重视。种植斑兰叶虽然基本只需要首年资金集中投入,后期可长期持续收益,但首年投入的种苗资金、配套设施资金及人员资金总体较高,要到8个月后才开始有收入。所以种植单位和种植户要合理安排生产资金和生活资金，最好提前找到相关斑兰叶收购企业确定订单，确保生产生活能够正常有序进行。

斑兰叶的对标产品如抹茶目前正受到全球消费者的认可并追捧。抹茶的生产历史悠久，技术先进，品质优良，抹茶产业的发展不仅体现在市场规模的持续增长，还体现在新型产品的开发和应用上。随着科技的进步及抹茶特性方面的研究深入，斑兰叶抹茶及其相关产品的应用前景将更加广泛。

在长期的发展过程中，市场上必然会发生各类商业风险。因此，斑兰叶种植单位及个人不但要关注市场需求和产业发展，同时也要关注国家政策，产业相关法律法规，要结合自身情况来综合评判产业风险，提前做好防范和规避，以降低风险发生的概率。只有这样才能为斑兰叶种植产业发展打下坚实的基础，支撑市场后期的健康发展。

（三）斑兰叶产业发展优势

斑兰叶作为具有独特香味的天然香料植物，在食品、饮料、化妆品、大健康领域等都有广泛的应用前景，全球斑兰市场正呈现出快速增长的趋势，尤其是在亚洲地区，如中国、印度、东南亚等，都有着广泛的市场需求。斑兰叶在中国奶茶和烘焙行业的市场前景非常广阔，有很大的发展潜力。随着消费者对健康、营养和品质的关注不断提高，以及城市化和年轻人口的增加，新一代年轻消费者对饮食的好奇心及健康需求在不断增长，斑兰叶的健康功效也为奶茶和烘焙行业的发展提供了更多的机会和空间。未来几年，随着终端市场需求的扩大，中国斑兰叶种植面积和产量都将持续增长，产业链也将不断完善。

1. 林下间作斑兰叶优势

（1）林下间作斑兰叶经济可行，生产技术成熟

斑兰叶是近年来从科技成果中筛选出来的重点推广的林下间作作物品种，具有好育苗、好种植、好管理、好采收、好加工、市场前景好"六个好"特点，其经济价值高，一次种植多年受益，叶片可全年采摘利用，林下间作亩产鲜叶1 000～1 600千克。推进发展橡胶等林下间作斑兰叶模式，斑兰叶间套种技术成熟，种植较易成功；形成商品化、规模化农业产业经济可行。

（2）开发应用前景广泛，产业链条延伸较长

斑兰叶广泛应用到食品、饮料、日化等领域，较容易形成特色林下经济产业和商品化农业产业。斑兰叶烘焙食品将以其独特香味、纯天然绿色以及特有的健康养生功能吸引广大的烘焙美食爱好者，目前已经应用到欧美等国家的餐饮市场。斑兰叶系列伴手礼产品，正成为深受我国顾客喜爱的网红产品，具有较大的市场发展空间。

（3）斑兰叶产业见效较快，社会经济效益明显

利用现有橡胶园等林地种植，不需要增加新用地，成本整体较低；林下间作斑兰叶

8~10个月就可以采摘，农户每亩可以增加纯收益约5 000元，是林下经济作物中效益较高的产业。推进发展林下间作斑模式，建设斑兰叶林下高效栽培基地，具有较大的发展优势，可辐射带动周边农户种植发展斑兰叶，促进农场和农户增收，助力区域乡村振兴。

（4）斑兰叶发展空间大，可助推林产业发展

我国热区待开发林下间作空间广阔，橡胶、椰子、槟榔、油茶等林面积高达2 000万亩，再加上香蕉、波罗蜜等果树，以及其他经济林和房前屋后，林下土地资源丰富。推进发展林下间作斑兰叶模式，不仅可提高胶园土地利用率，破解林下资源闲置、非生产周期长和价格波动导致收入不稳定的难题，还可以提升林产业单位面积的效益，这将是强有力的林下经济产业突破口。

（5）减少病虫害危害，改善园区生态环境

在林下间套种斑兰叶，由于加强了日常管理，可改良土壤，杂草减少了，农药的使用量也减少了，林木的发病率也有所降低，园区生态环境将得到较好改善。

（6）打造优美园区，促进一二三产业融合

斑兰叶也是一种园林植物，其景观优美，发展林下间作斑兰叶，可使林"闲置"的胶园土地变成美丽"绿洋"，增加固碳释氧、涵养水源等生态效应，打造环境友好型生态园区，成为特色高效农业和绿色发展典范。且斑兰叶带有独特香草味和绿色无公害产品应用场景，带动斑兰叶一二三产业融合发展，让园区变成宜居宜业和美"香"区，打造林下经济参观休闲园区，成为林下经济助推乡村振兴样板。

2. 光伏下间作斑兰叶优势

（1）资金优势

光伏项目更容易受到资本关注，融资机会更丰富。光伏农业的投资商目前以支持光伏发电的企业为主，特点是持有充足的资金，在当前光伏土地紧张情况下，转而投资光伏下间作斑兰叶项目，可弥补斑兰叶发展资金缺口的问题。

（2）综合利用土地

光伏下间作斑兰叶项目在实际发展中，很多地块的种植条件相对较差，引入光伏项目可促进荒地变良田，进行斑兰叶的开发。

（3）可以解决部分农业用电

帮助解决部分农业用电，解决无电、少电地区用电问题。

（4）光伏农业互补

光伏下间作斑兰叶可使光伏和农业相互促进，增产增效，二者的综合效益达到平衡后最佳。

（5）生态效益显著

光伏下间作斑兰叶，光伏组件能隔绝部分的紫外线，反射昆虫繁殖需要的蓝紫光，可

有效减少斑兰叶的虫害，降低了农药的使用量，提高了斑兰叶的品质和产量。

（6）社会效益显著

光伏下间作斑兰叶可很好解决"三农"问题，还富于民；同时降低碳排放，进行节能减排。

（四）斑兰叶产业发展劣势

1. 斑兰叶产业发展总体劣势

当前，斑兰叶产业目前正处于起步阶段，斑兰叶产业发展面临的短板瓶颈如下。

（1）斑兰叶规模化、产业化程度不高

斑兰叶种植大多以合作社、家庭经济为主，仍处于传统、分散、自发式生产状态，未形成规模化、产业化发展的良好局面。

（2）斑兰叶产业缺乏科学合理的规划布局

海南、广东等地方斑兰叶产业发展定位不清晰，缺乏政府对产业的大力度扶持，未能因地制宜制定长远的发展规划，农户种植盲从性大，同质化问题突出。当前只有海南省在大力发展斑兰叶产业，并率先发布了斑兰叶食品安全地方标准，省外作为主销区，有些地区对斑兰叶作为食品原料使用有限制，且民众无传统食用习惯，市场受众面窄。

（3）斑兰叶精深加工利用不足

海南省现有的斑兰叶加工主要以烘干、磨粉、制作斑兰叶糕点为主，但占比不高，大多还是以原材料直接销往广东等地，产品附加值低。斑兰叶加工企业整体规模偏小，加之缺少相应的分级分类标准，种植和加工的产业协同性不够，对一产的促进作用有限。

（4）市场认可度不高

斑兰叶目前属于新产品、新产业，斑兰叶制作的各类食品产品属于非刚需食品产品，对消费者来说依然是个陌生的食品类别。产业规模还小，消费市场还不足够大，近几年企业虽做了大量的宣传推介，但民众知晓率和认可度还远未达预期。

2. 光伏下发展斑兰叶劣势

（1）技术不成熟

技术是最重要的基础。技术不成熟是光伏农业受到质疑主要原因之一，导致光伏与农业争光，农业减产，光伏在农业中的运用受到限制、受到质疑。所以要对光伏下间作斑兰叶进行更多的实践与实验，用实时验证光伏下间作斑兰叶的兼容性，用需求推动标准的建立。

（2）商业模式还在探索

没有合适的商业模式，斑兰叶基地建成后决策管理和市场的压力大，同时还要与光伏结合发展，合作、发展、运营、销售的商业模式，需要摸索验证。

(3)项目具有差异性

光伏下间作斑兰叶项目布置方案根据每个地区的气候、土壤、灌溉等，种植条件不尽相同，方案需要按照具体情况进行设计，每个项目都具有差异性的特点。

(4)项目的主辅关系

投资者要弄清光伏下间作斑兰叶项目的农业投资和收益比例，要正确认识光伏农业的基础是农业。补贴应适当向光伏农业项目倾斜，安排资金，促进光伏下间作斑兰叶发展。

(5)土地问题

光伏农业的重中之重是土地，是农业顾虑的根本。随着农用地政策偏紧，需要解决好土地问题，不侵占耕地。

(6)缺乏配套政策

能源口大力支持，农业口慎重小心；光伏与农业部分前期审批流程不同，无法同步进行，应针对光伏农业项目，出台相关政策文件和标准规范。

二、斑兰叶产业发展思路

牢固树立"绿水青山就是金山银山"理念，以生态美、产业兴、百姓富为目标，明确斑兰叶产业发展定位，推动斑兰叶产业科技创新，提高林下和光伏资源利用水平，扩大斑兰叶产业发展规模，优化斑兰叶产业发展布局，延伸斑兰叶产业链条，增加斑兰叶产品供给，加强斑兰叶国际合作，注重环境保护和社会责任，实现斑兰叶产业高质量发展，为助力乡村振兴和健康中国战略、推进生态文明和美丽中国建设作出新的贡献。

(一)发展基本原则

1. 生态优先，绿色发展

积极践行"绿水青山就是金山银山"发展理念，在尊重自然、顺应自然、保护自然的基础上，遵循自然生态系统演替规律与循环经济理念，科学利用热带林地资源和光伏资源，实现热带森林资源和光伏资源的可持续发展。

2. 因地制宜，特色发展

深入分析热区自然禀赋、种植传统、特色文化等产业要素，既坚持斑兰叶产业规划布局的统一性，又要充分发挥各地区相对优势，因地制宜，稳步推进，结合本地资源特色与目标市场需求，推动斑兰叶产业特色发展。

3. 科技支撑，创新发展

加强科技支撑，鼓励自主创新，提高斑兰叶产品科技含量，创新产品内容和形式，推动产业技术进步。进一步发展壮大斑兰叶产业科学技术人员队伍,面向斑兰叶全产业链配置科技资源与技术支撑。

4. 市场主导,有序发展

充分发挥市场在资源配置中的决定性作用,更好地发挥政府扶持引导作用,多渠道筹集、调动资金,打破固有部门、区域和所有制的限制,营造公平竞争、有序发展的市场环境,形成多层次、多元化发展的斑兰叶产业新格局。

(二)发展主要方向

1. 绿色化

(1)产品绿色化

严格产地生态环境保护,鼓励斑兰叶产品开展绿色食品、有机农产品、农产品地理标志、森林生态标志产品等认定。

(2)生产绿色化

坚持原生态、绿色、有机种养方式,严格农药、肥料等投入品管理,促进斑兰叶采集加工、分级包装、贮藏运输等产业链绿色集约化。

2. 精品化

(1)产品精品化

走斑兰叶精品路线,杜绝以量取胜;完善质量检测和市场监管体系,确保斑兰叶产品质量。

(2)基地精品化

进一步完善斑兰叶示范基地动态管理机制,严格示范基地准入,强化过程管理,严进宽出。对于不符合要求的斑兰叶种植基地要求限期整改,整改不合格的退出。

(3)服务精品化

高标准开展斑兰叶文化品牌专营活动运营,深入开发和丰富服务类型,切实提高服务质量,打造精品服务典范。

3. 定制化

(1)供销定制化

广泛应用订单生产、定向销售、认种认养、直采直供等模式,促进斑兰叶产品供需平衡、优化斑兰叶生产结构、提高农产品供给质量。

(2)平台定制化

定制热带地区市场需求信息公共服务平台,利用互联网推广斑兰叶产销直挂、连锁经营等,促进生产和流通主体有效交流衔接,增加农民收益。

（3）科技定制化

加强产学研合作，生产单位与科研部门共同针对斑兰叶产品和市场需求定制不同的科技研发课题，提高产品科技含量，以产品创新拓展市场。

4. 特色化

（1）品牌特色化

强化热带地方特色，打造本土品牌。坚持"热、乡、土、特"原则，培育特色斑兰叶特色芳香食用和日用品牌，力争打造全国知名特色品牌。

（2）产业特色化

强化海南、广东等热带地方优势斑兰叶产业，发挥本土产业优势和比较优势，做大做强产业链条，补齐热带区域全产业链条。

5. 融合化

（1）模式融合化

大力发展热带林下间作斑兰叶、光伏下间作斑兰叶、单作斑兰叶等多种经营模式融合，延伸产业链，提升附加值，提高斑兰叶产业综合效益。

（2）产业融合化

推进斑兰叶三产业融合发展，尤其是加强与食品开发、化妆品、中医药、保健、旅游等加工业、服务业的延伸合作。

（3）合作融合化

推进斑兰叶产加销贯通，采用"公司+合作社+基地+农户"联合经营模式及其衍生模式，营造"企业带合作社及大户，合作社及大户带小户，千家万户共同参与"的发展格局。

（三）发展布局

1. 区域范围

按照我国热带地区划分，重点在海南全省，广东、云南、广西、福建部分地区发展布局斑兰叶产业。

2. 区域特点

我国热带地区以平原丘陵为主，主要地貌类型有岭南丘陵、珠三角平原、广西盆地，属热带、亚热带季风气候，夏季高温多雨，冬季低温少雨。年降水量超过1 000毫米。土壤主要有黄褐土、黄壤、黄棕壤、红壤和砖红壤性红壤等。地带性植被为常绿阔叶林，山地地区有针阔混交林。主要森林类型有常绿及落叶阔叶林、针阔混交林以及杉木、马尾松、桉树、杨树、泡桐、毛竹、油茶、橡胶、椰子、槟榔、沉香、花梨等人工纯林和热带果树。

3. 发展模式

充分利用现有土地、林木和光伏资源，因地制宜，选择适合斑兰叶发展模式，合理安排生产活动。总体上，以林下间作斑兰叶模式为主体，以光伏下间作斑兰叶模式为辅助，以单作斑兰叶模式为补充。

三、斑兰叶产业发展对策

（一）规划斑兰叶产业发展布局

海南省等主要斑兰叶生产省份应着手开展制定斑兰叶产业发展布局规划。由农业、林业、资源等相关职能部门联合，从全产业链视角来审视斑兰叶产业发展问题，立足国内斑兰叶发展现状，明确斑兰叶产业发展目标，在现有斑兰叶种植、加工、贸易基础上，来规划和优化斑兰叶产业发展布局。

根据不同地区气候环境、林地类型等特点，指导各地科学合理规划斑兰叶种植品种和规模；根据各地斑兰叶种植规模，科学合理规划斑兰叶初加工厂建设和规模，推动斑兰叶产业规模化、集约化发展，促进斑兰叶的良性循环，避免同质化、无序竞争。

依托中国热带作物学会、省级斑兰叶产业协会等机构力量，整合现有斑兰叶产业资源，研究制定《斑兰叶产业发展白皮书》，统筹行业发展，优化产业政策，推动科技创新，指导企业创新，引导投资趋势，加强国际合作，注重环境保护，增强社会责任，助推斑兰叶产业做大做强，提升中国斑兰叶产业的全球竞争力。

（二）建设斑兰叶产业标准化体系

梳理已发布的斑兰叶种苗质量、种苗繁育、林下间作栽培技术、产品加工等地方标准和团体标准，厘清需要制定的其他标准及牵头部门，并加快研究制定斑兰叶产业国家标准等标准化体系，纳入我国常用的香辛料目录，助推斑兰叶产业高质量可持续发展。斑兰叶产业标准化体系建设主要5个方面。

1. 斑兰叶生产环境的标准化

农产品的无公害是农业发展的大趋势，重点推进斑兰叶不同生产区域的标准化以及生产环境建设的标准化。

2. 斑兰叶生产资料的标准化

斑兰叶产业结构无论怎样调整，都离不开种子、农药、化肥等农业生产资料。制定完善斑兰叶水肥一体化技术规程、斑兰叶病虫害防治技术规程十分重要。

3. 斑兰叶生产过程和生产模式标准化

各地必须根据当地情况制定斑兰叶地方标准，对不同的斑兰叶品种、不同林下间作斑兰叶模式、光伏板下间作斑兰叶模式制定相应技术标准，以实现生产全过程的工艺规范。

4. 斑兰叶产品加工及其制品标准化

制定、生产符合食品、保健品、化妆品等安全健康标准的斑兰叶产品及其制品，是市场准入和消费的需要。特别是要实现斑兰叶产品及其制品的出口，其标准必须符合国内标准，并与国际标准接轨。

5. 斑兰叶及其制品后续服务标准化

斑兰叶产品及其制品的包装、贮藏、运输、养护、出口、销售等虽然是农产品生产的最后环节，但如果没有标准化的操作技术和操作规程，也很难顺畅进入国内外市场。

（三）提升斑兰叶全产业链技术

1. 开展斑兰叶种质资源保护和新品种选育

加强斑兰叶种质资源的收集保存和鉴定分类，筛选适应林下和光伏板下不同密闭环境的斑兰叶优异植株，为斑兰叶种质资源创新、培育林下和光伏板下间作生产应用的优势品种提供优质材料。着力开展优势主导的斑兰叶品种（品系）培育、评比试验，筛选新优品种，加快斑兰叶品种更新换代步伐，提升综合生产能力。

2. 构建斑兰叶优良健康种苗繁育技术体系

创新研发优质健康的斑兰叶无性繁殖方法，选择优质的斑兰叶母本结合扦插繁殖、分株繁殖、组培快繁等无性繁殖技术，提高斑兰叶繁殖成活率和品质；采取脱毒方式及离体组织培养无病毒的植株，提升斑兰叶抗病和提纯复壮能力；做好斑兰叶苗圃地选择与整地、植株管理、肥水管理、苗期病虫害防控，建立"育繁推"一体化栽培技术体系，提高斑兰叶品质与产量。

3. 研究集成斑兰叶高效生态种植模式

创新研发热带林下和光伏板下间作斑兰叶水肥高效利用、绿色防控、产量及品质精准调控等数智化生产关键技术，培育绿色优质斑兰叶；优化集成林木、光伏板园地选择、园地整理备耕、斑兰叶种苗栽种、斑兰叶灌溉、施肥、除草、病虫害防控、机械采收等田间管理方法，促进林下和光伏板下间作斑兰叶良田、良种、良机、良法、良制有机融合，建立高效生态种植技术规程和间作模式，形成协调和高效的生产系统，实现斑兰叶增产、降本、提质。

4. 构建斑兰叶产地收获和初加工技术体系

创新研发斑兰叶安全规范的产地初加工工艺，统一斑兰叶原料收购和运输储藏质量标准，按斑兰叶初加工特性针对性改善储藏、烘干、分级、分拣等设施设备，增强产地初加工能力。加强采收后精准加工和副产物综合利用，提高斑兰叶干叶、斑兰叶粉、斑兰叶汁等品质，提升斑兰叶附加值。加强斑兰叶原料包装、贮藏、养护技术研究，应用气调、现代干燥、密封、冷藏、防霉除虫等现代的养护方法与技术，促进斑兰叶贮存养护科学化、现代化，进一步提升综合效益。

5. 构建斑兰叶精深加工技术体系

创新研发斑兰叶健康增值的精深加工和提取物提取工艺，摸清斑兰叶提取物抗菌、抑菌的作用机制，制定不同斑兰叶提取物提取方法的质量检测和控制标准，对斑兰叶营养成分、功能成分、活性物质等进行提取和利用，开发一系列保健品、滋补品、化妆品；开展斑兰叶生产过程自动化控制和数智化管理技术生产研发，实现斑兰叶精深加工等多次增值，有效推动斑兰叶加工转化增值，提高斑兰叶质量效益和竞争力。

6. 构建斑兰叶专业高效产业技术服务体系

打造斑兰叶大数据平台，形成覆盖全域的斑兰叶产业一体化监测体系，推动斑兰叶全产业链数字化改造，为农户等经营主体提供贯穿全生产周期的农事指导、市场信息、防灾减灾等信息服务。设立协同高效的斑兰叶产业科技服务平台，成立斑兰叶产业科技服务团，构建全链条、多形式的科技服务体系，开展热带林下和光伏板下间作斑兰叶产业技术咨询、技术服务、技术培训、技术开发、成果推介、学术交流等全产业链服务技术服务，促进斑兰叶科技成果转移转化。

（四）加大斑兰叶政策支持力度

1. 出台斑兰叶产业发展政策措施

政府不仅需要出台斑兰叶土地使用、税收优惠、资金扶持、人才引进等方面支持产业政策，促进斑兰叶产业集群的形成、提升区域竞争力；同时需要辅助建立监督斑兰叶产业集群运营情况的管理机制，以便及时对斑兰叶产业集群发展方向进行纠偏，引导产业向高附加值和高技术含量方向发展。积极参与多边和双边贸易协定，推动贸易自由化和便利化，鼓励企业"走出去"，通过海外投资、并购、合作研发等方式，获取国际资源，拓展国际市场，提升中国斑兰叶产业的全球竞争力。

2. 强化斑兰叶产业专项资金支持

强化产业发展专项资金和科技创新专项资金对斑兰叶产业各环节的支持，激发市场活力，引导资本流向关键领域和薄弱环节，同时推动科技创新和产业融合。鼓励有条件的地区设立林下和光伏板下立体种植斑兰叶产业奖补资金扶持政策，制定出台相应的奖补措施，减轻农户和企业负担，提高种植积极性。积极探索"政府+科研+合作社/基地/农户+市场"的共建模式，形成利益共同体，促进产业深度融合发展，助力农民增收和乡村振兴。

3. 提升斑兰叶加工业发展水平

加大对斑兰叶加工企业的培育力度，支持市县结合实际配套出台针对斑兰叶产地初加工企业的奖补措施和扶持办法。培育示范龙头企业，壮大起点高、规模大、资金强的农业产业化龙头企业，扩大对外辐射带动的能力，促进斑兰产业提质增效、农民增收，为乡村振兴打下坚实基础。引导斑兰叶精深加工企业进入产业园区发展，构建产业循环链条，形成产业集聚和规模效益。加快标准体系建设。

4. 加大招商引资和产品推广力度

支持有条件的地区积极申报斑兰叶国家地理标志产品，提高区域公用品牌影响力。充分发挥各省区政策、资源、区域等优势，利用举办各类展会的契机，聚焦斑兰叶高端食品加工，积极引进国内外头部加工企业来办厂兴业，把先进的技术带过来、把人才引过来，助推斑兰叶产业进一步发展壮大。赴国内外大中城市举办斑兰叶产品推介会，组织斑兰叶加工企业参加，进一步提升斑兰叶产品知名度。

5. 拓宽斑兰叶产品市场竞争力

随着消费者对品质、便利性和个性化的需求日益增长，市场正朝着更加细分和多元化的方向发展，斑兰叶加工企业根据市场需求走向，生产斑兰叶浆、斑兰叶原汁等多元化产品，拓宽市场受众面；定位斑兰叶化妆品、保健品等高端产品，提升价值链；加强与蒙牛、蜜雪冰城等大型企业合作，开展订单式生产，以稳定斑兰叶的市场供给，带动一、二产业进一步发展。同时，消费者对健康、环保和社会责任的关注也在增加，这促使企业在斑兰叶产品设计、生产过程和营销策略上进行调整，以满足市场需求。

6. 加强斑兰叶国际合作与交流

政府和企业应采取多种策略以增强斑兰叶产业国际竞争力。如加强斑兰叶文化建设、区域品牌建设、提升产品质量、加大研发投入、拓展国际市场和优化全球布局。同时，要积极应对国际贸易摩擦和保护主义的挑战，通过多元化市场、增强合规能力和提高供应链的灵活性和韧性来降低斑兰叶产业发展风险。加强斑兰叶国际合作与交流，积极参与国际标准制定、推动国际技术合作、参与国外基地建设和加强与国际组织的合作，促进国内斑兰叶产业的升级和国际竞争力的提升，推动斑兰叶产业的全球化发展。

附录一　斑兰叶产业发展媒体报道

斑兰叶源自南亚和东南亚的热带雨林，叶片翠绿清新，散发着淡淡的清香，是烹饪中不可或缺的调味品，尤其是制作地道东南亚料理的灵魂所在。20世纪50年代，归国华侨从南洋将斑兰叶引种到海南，作为南洋文化的重要载体，在特色餐饮、观赏园艺、休闲旅游等行业广泛应用。近年来，海南、广东都在积极推广斑兰叶的种植，已发展成为林下经济的主打品种，农民致富的重要产业。斑兰叶的香味不仅渗透进了中国的食谱，还融入了我们的生活方式与艺术创作之中，受到越来越多的人们关注，吸引越来越多的市场目光。以下是收录近年来媒体对斑兰叶产业发展的几篇新闻报道，以此让我们更好地认识和了解斑兰叶这片神奇的叶子。

一、"东方人的香草"

它是"东方人的香草"，更是海南餐桌上的绿色爆款

来源：海南广播电视总台　主编：陈梦溪　田志才　编辑：江翔翰

时间：2024年08月03日

你印象中的海南是什么样？是成片的椰林，湿润温柔的海风？是人声鼎沸、充满烟火气的老爸茶馆？是阿婆卖的绿豆汤、文昌鸡排档……那些记忆中熟悉的味道，藏在街头巷尾之中，那些看似不起眼的地方是城市记忆的载体记录着海南人生活的点点滴滴。海南广播电视总台微信公众号推出专栏"中国有个海南岛"关注海南自然人文风貌、吃喝玩乐多方位深度挖掘海南美。

今天我们来聊一聊海南餐桌上的那抹绿——斑兰叶。

斑兰糕、斑兰月饼、斑兰粽子、斑兰咖啡、斑兰奶茶……近几年以斑兰叶为食材烹制的食物愈渐发展为网红产品。

斑兰叶在中国是"舶来品"，20世纪20年代，归国华侨将斑兰叶引种到海南，从此南洋风味的斑兰美食也加入了地道的海南饮食文化。斑兰叶学名香露兜，又名斑斓叶、香兰叶、板兰香等，是原产于马来半岛、斯里兰卡与菲律宾的一种热带草本绿色植物，它因有天然独特芳香味而享有"东方人的香草"美誉。

现在，海南人对斑兰叶并不陌生，这一株翠绿的小草在房前屋后常可见到，日常饮食中也偶有它的身影。然而时间拨回到2016年以前，斑兰叶在国内的应用还基本处于空白。

斑兰美食　　　　　　　　　　　　　　　斑兰叶

而随着市场资本的持续进入，目前海南岛已有多个斑兰叶生产加工流水线，还有一批斑兰叶加工项目将在海南落地。

将斑兰叶捧在手上凑近鼻子

就能闻到其身上

散发着的独特芬香

作为一种纯天然的食品香料

最大的作用就是提香和增味

斑兰饮品制作

不同于加工合成的色素

斑兰叶带给食物的绿色

非常天然、清新

相比于抹茶和青团的绿

更加饱和、清澈、鲜明

老爸茶店的斑兰煎面饼、斑兰清补凉、斑兰月饼、斑兰面点……在海南,斑兰叶是时下最为流行的美食元素之一,其踪迹遍地可寻。将新鲜采摘回来的斑兰叶叶片洗净榨汁过滤,取得的斑兰叶汁加入面粉制作,千百道美食将烘焙而成。

斑兰叶的清香滋味俘获众多吃货的味蕾,现在的斑兰叶已逐渐被人们所熟悉,斑兰美食不仅香味扑鼻,其碧绿的颜色在盛夏带来一抹清凉,让甜品吃起来更爽口、更香甜、更美味。在抖音、小红书等短视频平台,有关"斑兰"的美食视频让人应接不暇。"斑兰凉虾""生椰斑兰拿铁"等网红美食更是"自带流量"火起来。

斑兰糕点

斑兰叶除了好看

还具有较高的食用、药用价值

斑兰叶叶片内富含

亚油酸甲酯、草蒿脑、角鲨烯等活性成分

有清热杀菌、降低血压

消除疲劳、缓解压力的功效

斑兰叶因其健康、绿色的特性

受到越来越多人的喜爱

对岛内的许多农民来说

斑兰叶虽是舶来品

却是在岛内扎根颇深的物种之一

纵观海南岛

儋州、文昌、琼海、万宁、陵水、定安等地均有种植

为农民带来良好的经济效益

最新统计数据显示

目前海南省斑兰叶种植总面积约为3万亩

村民在收割斑兰叶

斑兰叶的种苗种植一次

可以连续采摘10~15年

期间每隔2个月就可以采摘一次

有一次种植、多年收益的优点

而耐阴凉的属性

又决定了其极为适合发展林下经济

此前,海南斑兰叶多以鲜叶出售,除了加工食品无法在市场流通外,还因为东南亚国家一直以鲜榨汁的方式加工斑兰叶。然而在食品工业发展的市场背景下,鲜叶榨汁的做法不仅不利于运输,在厨房制作过程工序也十分烦琐,不利于流通推广。

斑兰叶粉

2020年以来,海南斑兰叶业界内一边在不断研发斑兰叶粉、斑兰叶原浆等食品产品,一边推动斑兰取得"身份证"。当下,斑兰叶冻干粉、斑兰叶速溶饮料、斑兰叶超微粉等加工产品正加快市场推广应用,南国食品实业有限公司还开发了斑兰叶椰子片、斑兰叶蛋卷、斑兰叶椰子粉等系列产品。

"当下斑兰叶产业发展快速,在江浙一带加工工艺让斑兰叶粉达到3 000目,已与抹茶加工工艺达到同一水准。"琼海斑兰叶创业协会会长梁文彬说,斑兰叶在加工中关键的留香、锁色的稳定性达到后,将打开更广阔的市场。

斑兰叶已深深扎根于

海南的本土文化和经济产业中

斑兰叶的"海南味"

或将行至更远

更大的产业前景值得期待

二、海南"斑兰小岛"成长记

海南这片叶子如何走好品牌之路?

来源:海招网　时间:2024年01月15日

海南又添了一个别致的昵称——"斑兰小岛"

在这片美丽的岛屿上斑兰叶产品层出不穷

包括斑兰千层糕、斑兰薄饼

斑兰月饼、斑兰凉粉、斑兰奶茶等

斑兰美食

岛内种植产业蓬勃发展

清新的绿色产业崭露头角

带着自然清爽的植物芳香

瞬间唤醒岛民的味蕾

斑兰叶学名香露兜，又名斑斓叶、香兰叶、板兰香等，是原产于马来半岛、斯里兰卡与菲律宾的一种热带草本绿色植物，它因有天然独特芳香味而享有"东方人的香草"美誉。

斑兰叶

近几年
以斑兰叶为食材烹制的美食
逐渐成为网红产品
网络上关于斑兰叶的搜索和话题
热度一直居高不下
斑兰叶到底有啥神奇魅力？
跟着海招君一同探索
揭开这片"斑兰小岛"的美食之谜

01 "海南斑兰"成长史

斑兰叶在中国是"舶来品"，20世纪50年代，归国华侨将斑兰叶引种到海南，从此南洋风味的斑兰美食也加入了地道的海南饮食文化。

2016年以前，斑兰叶产业在国内的应用还处于空白阶段，而随着市场资本的持续进入，海南已经成为斑兰叶的主要规模化种植地。

斑兰叶

琼海斑兰叶创业协会会长梁文彬是推动海南斑兰产业的创业者之一。在新加坡得知斑兰叶产业发展的商机后，梁文彬注册了一家开发斑兰叶产品的公司，带动村民种植斑兰叶，并陆续培养了约5 000名斑兰叶产业创业青年带头人，分散在海南多个市县的50多个村。

梁文彬认为，长期以来，海南甜品江湖以"椰子""杂粮""水果"为主要元素，而这些元素都可以与斑兰叶进行完美融合，让甜品增香添色，美味升级。"就拿琼海来说，杂粮加斑兰叶，一下子就锁住了游客的味蕾记忆，让斑兰叶很快走红。"梁文彬说，市场应用的快速发展，使斑兰叶产业上游种植端能够迅速铺开。短短4年间，斑兰叶从2019年的不足1万亩，如今种植面积已突破3万亩。

2023年5月16日，《海南省食品安全地方标准香露兜叶（粉）》已通过国家审查并正式实施，斑兰叶食用有了海南"省标"！有效解决斑兰叶市场合法流通的问题，提高斑兰叶精深加工业经济效益。

02 "海南斑兰"产业链

斑兰叶种植作为新兴产业，斑兰叶广泛应用于食品、饮料、化妆品、医药等行业，经济价值高，市场前景广。海南是我国斑兰叶种植起源地和优势产区，斑兰叶种植区域主要有万宁、琼海、文昌、儋州、陵水、保亭、定安、白沙等地，其中万宁作为主要分布区和传统利用地区，种植面积约为6 000亩。

据了解，目前中国热带农业科学院香料饮料研究所已制定海南省地方标准《斑兰叶（香露兜）种苗》《斑兰叶（香露兜）种苗繁育技术规程》和《林下间作斑兰叶（香露兜）技术规程》3项，为斑兰叶种苗质量、种苗繁育、林下间作栽培提供了技术标准，对提高斑兰叶种苗质量、确保优良斑兰叶种苗标准化生产、规范林下间作斑兰叶种植技术，对促进海南斑兰叶产业持续健康发展具有重要意义。

桥北村斑兰种植基地正在收割斑兰叶

近年来，科研机构、高校、企业等相关单位围绕斑兰叶产业发展需求，开展全产业链科技攻关，选育出具有香气浓、抗性强、产量高等特点的优良无性系"粽香斑兰"，已在万宁南桥等地试点推广。

目前,海南已建设了8条斑兰叶生产加工流水线,而在省内,斑兰叶产业正逐渐呈现多业态的发展趋势。多家海南食品企业已在烘焙、饮品、原料和文化推广等领域积极探索斑兰叶产业的多样化发展。一些企业还推出了斑兰文化体验馆,其推出的产品,如"冻干斑兰叶粉""斑兰酊剂""斑兰冰激凌"等系列产品都受到了欢迎。这表明斑兰叶产业在不同领域取得了良好的市场反响。

03 "海南斑兰"品牌化

散发香气的斑兰叶在国内渐火,不少省份纷纷跻身斑兰叶赛道。广东徐闻等地开始建立斑兰叶产业链示范基地,计划将种植面积增加至1万亩以上。在浙江、广东等省份,斑兰叶加工厂也应运而生。

发展斑兰叶产业,海南的优势在哪?

首先,海南拥有建设完整斑兰叶全产业链的基础。由于海南是斑兰叶种植生长的优势产区,这为形成全面的产业链提供了有利条件。此外,叠加国际旅游岛和自贸港政策的支持,将为海南的斑兰叶产业带来井喷式的发展。

其次,作为斑兰叶进入中国的第一站,海南具有独特的地理和文化优势。通过打造"斑兰"品牌,讲好斑兰叶的故事,海南能够突显其在传播和传承斑兰叶文化方面的独特性。这为海南斑兰叶产业赢得市场提供了独特的竞争优势。

文昌农户在槟榔林里种植斑兰

文昌加昌村有着"海南斑兰文创第一村"之称,隐藏在青山绿水间,目前已经是海南三椰级乡村旅游点、省级林下经济示范基地、文昌市委党校现场教学点、中国热带农业科学院香料饮料研究所产学研基地。

斑兰叶产业已经深深融入海南的本土文化和经济产业，其品牌化成为市场的趋势。斑兰叶所体现的"海南味"可能将延伸到更广泛的地域，展现出令人期待的产业前景。

三、海南万宁斑兰叶产业

万宁市是海南斑兰叶最大产区，现已发展种植面积约7 000亩。近年来，万宁市政府将斑兰叶作为特色农业产业扶持，出台林下套种补贴政策，积极引导农户因地制宜发展斑兰叶种植，斑兰产业在万宁得到长足的发展。万宁市斑兰叶产业发展规划（2023—2025年）提出，到2025年，该市要建成全国最大的斑兰叶培育基地，年产组培苗1 000万株，建成全国最大的斑兰叶种植示范基地，种植规模达到约2万亩，建成全国最大的斑兰叶产品加工集群基地，年加工斑兰叶冻干粉约0.46万吨。

海南万宁斑兰产业不断延伸 "东方香草"绿叶变金叶

来源：万宁发布厅　作者：曾君倩　时间：2024-04-02

"春分"节气刚过，东方香草万宁市南桥镇桥北村斑兰叶种植示范基地绿意盎然，海南田间地头春意浓浓，斑兰叶不断变金处处弥漫着斑兰叶特有的产业糯香味。

斑兰叶林下种植

斑兰叶适合在向阳、延伸叶湿热的绿叶环境中生长。万宁属热带低海拔多雨地区，东方香草种植的海南斑兰叶品质好、香味足，桥北村充分利用当地雨水充沛、产业气温适宜的延伸叶特点，积极引导农户因地制宜发展斑兰产业。

"斑兰叶经济效益高、技术门槛低、便于收割、便于管理，且十分耐荫蔽，适宜在椰子、槟榔等林下复合种植，能充分利用林下闲置土地资源，增加土地单位面积收益。"桥北村村干部、斑兰种植户王有光告诉记者，每株斑兰叶能连续采摘10~15年，每年可收割8茬，亩产量达2 000~2 500千克，按全村种植面积计算，每年能带动农户增收约2万元。

桥北村斑兰叶种植面积共2 200亩，是万宁全市种植斑兰叶面积最大的村庄。"全村一共445户人家，有368户在种植斑兰叶。斑兰叶生长成熟后，来自山东、福建、广西等全国各地的收购商会到田间收购鲜叶，个别农户也会自行售卖。除了个体种植外，还有不少农户就近在种植基地打工，负责除草、浇水等工作。"王有光介绍，桥北村斑兰叶种植示范基地已带动村民就近就业400余人次，每年增加村集体收入约10万元。

斑兰叶助农增收致富

以桥北村为例，在万宁，斑兰叶产业正逐渐成为帮助村集体和农户增收致富的经济新增长点、成为促进农业转型升级的强有力助推器。"万宁是斑兰叶种植主产区，是全国种植面积最大的市县。目前，全市种植斑兰叶总面积约7 000亩。"记者从市乡村振兴局了解到，万宁在三更罗、礼纪、山根、北大、龙滚、南桥等6个乡镇建设了面积总数为1 000亩的斑兰叶种植示范基地，基地采取"公司+村集体+农户"的发展模式运营。

"打造优势种苗规模化种植基地能进一步推广优势品种，集中展示良种良苗良法新技术，帮助村集体提高产业发展能力，以点带面引导农户标准化规模化种植斑兰叶，确保村集体和农户可持续性增收。"市乡村振兴局四级主任科员陈德然表示。

斑兰叶规模化种植

斑兰蛋糕、斑兰月饼、斑兰奶茶、斑兰咖啡……越来越多的斑兰元素活跃在美食领域，进入大众视野。陈德然直言，随着斑兰叶市场知名度和青睐值越来越高，国内多个省份也在陆续扩大种植，斑兰叶鲜叶的市场需求会逐渐减少。"所以我们必须以市场需求为导向，持续延伸产业链条，助推斑兰叶产业从种植端向加工端、销售端迈进。"陈德然说。

在距离桥北村40公里的槟榔城产业园，万宁市斑兰叶精深加工厂项目进入收尾阶段，预计4月中下旬正式投产运营。"我们一期厂房每年按320天生产时间计算，可处理3 360吨原材料，可制成480吨斑兰叶冻干粉。"该项目相关工作负责人关天慧介绍道。

目前，万宁共有3个斑兰叶加工项目。除了槟榔城产业园内的斑兰叶精深加工厂项目外，其余2个项目分别位于礼纪镇、南桥镇。其中，礼纪镇的复合型发展农产品种植及冻干加工项目已于2023年12月底投产，日均加工斑兰叶鲜叶可达6吨；南桥镇的斑兰叶及农产品加工厂项目处于建设初期，建成投产后日均加工斑兰鲜叶可达6吨。

"2023年公司累计销售自产自销斑兰叶农产品50余万元，按照农产品自产自销免征增值税政策，这些销售收入的增值税和附加税费都不用缴啦！"万宁斑兰叶农业开发有限公司负责人关国龙表示，公司主要从事斑兰叶的标准化采收和销售，得益于税务部门的好政策和优服务，企业的税费负担得到了大大减轻，能够将更多的资金投入到斑兰叶的生产销售中。

同样享受到政策红利的还有万宁七彩斑斓农业开发有限公司，该公司负责人蔡金莉介绍，公司于2021年8月注册登记，致力于斑兰叶示范种植、斑兰叶种苗培育、生产研发及销售，目前已在万宁市三更罗镇种植了50余亩斑兰叶。截至今年3月，在税务部门的帮助指导下，公司累计享受小微企业税收优惠政策、农产品自产自销减免增值税政策、从事农、林、牧、渔项目企业所得税优惠政策合计减免税费额11余万元。

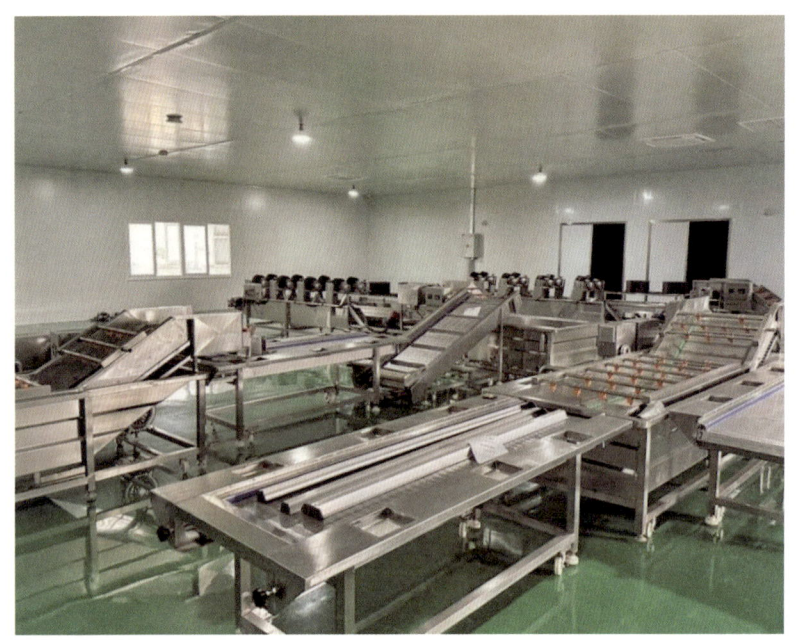

斑兰叶产品加工设备

"我们正在筹建万宁市斑兰叶产业协会，下一步也将持续加强与相关产业协会及企业的合作和协同发展，通过建设乡村美食车间、中央厨房等方式，积极拓展斑兰叶产品销售渠道，不断提高产品附加值和市场竞争力，推进斑兰叶产业高质量发展。"陈德然表示。

四、文昌重兴斑兰叶小镇

重兴镇地处海南文昌市的最南端。20世纪50年代文昌华侨将斑兰叶从马来西亚带回重兴镇种植，其丰沃的土地、充足的水源、适宜的气候，斑兰叶在此生根发芽、茁壮成长。随着斑兰叶的种植面积逐渐扩大，成为重兴镇的致富产业之一。

在2018年初，文魁村成立了重兴文魁共享农庄农民专业合作社，特别关注"三棵树下经济发展"，作为重兴镇打出的一张产业"王牌"，2021年重兴镇斑兰种植面积达到了1 900亩，带动本地876户村民参与种植。在重兴文魁共享农庄农民专业合作社的示范作用下，重兴镇在2021年10月推动了全镇合作种植计划，计划至2025年种植面积达50 000亩以上。大力发展林下斑兰种植，重兴镇打造出了斑兰茶、斑兰糕、斑兰面饼、斑兰薄饼等系列特色斑兰叶产品，预定订购的游客络绎不绝，产品供不应求。与此同时，斑兰咖啡、斑兰月饼、斑兰粽子等新品也在推广中。

为做大做强斑兰叶产业，打造斑兰叶特色品牌，重兴镇将构建斑兰叶产业"科技+"创新发展模式，打造斑兰叶文创产品，通过"公司+合作社"的方式，带动村民增收致富。为促进科技、产业和金融的融合，重兴镇通过举办大型推介活动，通过各种媒介吸引人群流量，为斑兰叶产业的发展提供更广大的市场空间，为海南省乡村振兴战略实施和热带特色高效农业的发展探索出一条新路。

一片斑兰叶，带动文昌市重兴镇加昌村经济发展

来源：中国网海南　作者：方乔禾　时间：2024-01-11

三五游客围坐在一起，享用着斑兰叶制成的九层糕、蛋挞等美食，亲手体验制作斑兰叶茶的乐趣。1月11日，这是中央全媒体采访团一行，在文昌市重兴镇加昌村采访"宜居宜业和美乡村建设成果"时看到的画面。

文昌市重兴镇加昌村，这个鲜为人知的村落，如今因一片翠绿的斑兰叶成为远近闻名的明星村。这片叶子不仅为加昌村带来了经济繁荣，更为整个村庄的产业发展描绘出一幅美丽蓝图。

走进加昌村，虽然是冬季，但目光所及之处皆是绿色。成排的槟榔树下种满了斑兰叶，曾经闲置的"林下"土地，现在变成了致富的密码。

"我们的土地有限，利用率很高，几乎没有撂荒地。如果要让村民的钱包鼓起来的话，只能考虑'林下经济'。斑兰叶作为一种热带植物，非常适合海南的气候。再加上斑兰叶是喜阴植物，在槟榔树下种植最合适不过了"加昌村支部书记兼村委会主任符大业向采访团介绍。

找到了村子发展的产业新方向，加昌村委会成立了农民专业合作社，通过与企业合作解决了斑兰叶的销路问题。据了解，加昌村已落地斑兰叶加工厂一家，意向落定加工企业2家，以6元/千克的价格向农户保底收购，激发农户种植积极性。目前，加昌村已种植斑兰叶1 200亩，并与重兴镇12个村委会集体经济合作种植，带动农户独立种植等约2 000亩，2023年村集体斑兰叶销售收益65万元，村民"林下经济"土地入股占到15%分红权。

游客制作斑兰叶美食

游客制作斑兰叶美食

加昌村斑兰叶产业发展以来，得到了社会各界的广泛关注与支持。以文魁"海南斑兰叶文创第一村"为平台，共有130余名各界专家、学者及行业精英加入，为斑兰叶产业发展提供了强大人才、技术、资金等支撑。尤其是在技术方面，通过斑兰叶汁融入各类食物中，创新开发制作出各种美味，如斑兰九层糕、斑兰饼、斑兰蛋挞、斑兰茶等美食都受到了消费者的追捧。

海南斑兰叶文创第一村

如今，斑兰叶已经成为当地的特色产业，带动了加昌村乃至周边村庄的经济发展。符大业表示，接下来将继续加大对斑兰叶产业的投入，扩大种植规模，同时打造具有市场竞争力的品牌。未来，还将探索斑兰叶与其他农作物的结合，发展更多"林下经济"作物。推动加昌村农业向多元化、特色化方向发展。

五、湛江斑兰叶产业安家落户

漂洋过海来湛江！"东方香草"与橡胶树产生神奇的"化学反应"

来源：湛江发布　采写/摄影/视频/编辑：林　露　吴芷瑶　时间：2024年03月06日

斑兰蛋糕、斑兰叶烧鸡、斑兰糕……
这些带有东南亚风味的斑兰美食
是不少吃货的心头好
它们的原料之一斑兰叶

是一种多年生的草本热带香料植物

在湛江，这种来自南洋的

"东方香草"正在安家

经过了一个冬天，中国热带农业科学院湛江实验站（下称"湛江实验站"）斑兰叶优良种苗繁育基地里，斑兰叶青绿依旧。橡胶树下，一排排斑兰叶整齐排开，一阵微风吹来，带来清新的斑兰叶香。

"林下经济发展是我们这几年科研的重点，斑兰叶种植效益高，是药食同源的作物，也可以加工成多种产品。"湛江实验站站长欧阳欢说。

自2022年以来，湛江实验站在雷州半岛率先开展橡胶树下间作斑兰叶全产业链科技创新体系建设，打造新兴农业产业品牌。

01 漂洋过海落地湛江

作为一种"舶来品"

斑兰叶在我国的栽种历史约百年

媒体公开报道显示

20世纪50年代

归国华侨将斑兰叶引种到海南

从此为岛上的饮食文化

注入了几分南洋风情

在欧阳欢的记忆中，他第一次品尝斑兰叶，是在1995年。

"当时我在海南万宁兴隆华侨农场工作，那里种植了许多斑兰叶，也做成了各类糕点。尝过之后我发现斑兰叶香味清新、口味清爽，非常适合大众的口味。"欧阳欢回忆。

彼时的斑兰叶还没有实现大规模产业化。随着时间推移，人们慢慢发现，在"海南三棵树"——椰子、橡胶、槟榔下发展林下经济，斑兰叶是一种不错的选择。

斑兰叶是一种耐荫蔽植物，相比全光照环境，更适合种植在林下。斑兰叶中含有亚油酸、角鲨烯、维生素K_3等多种成分，具有降血脂、抗衰老等功效，经济开发价值高，产业发展前景明朗。

2020年前后，欧阳欢牵头的斑兰叶科技创新全产业链团队扩大研发范围，在海南铺开斑兰叶种植示范，优化集成林下间作斑兰叶标准高效技术和立体生态模式。

两年后，欧阳欢因工作调动来到湛江，跟随他一起到来的，还有斑兰叶。

雷州半岛广袤的土地上种植了约10万亩橡胶，然而，近年来天然橡胶价格持续低迷，影响胶农积极性和产业可持续发展。因此，寻找高效益、易种植的橡胶林下间种特色作物，提升胶园效益，是土地增收的一个重要途径。

斑兰叶规模化种植

湛江实验站结合广东橡胶老旧胶园更新改造计划，与雷州市厚德农业有限公司等企业开展科技合作，推广应用林下间作斑兰叶模式。"此前湛江也有企业试种斑兰叶，不过缺乏相关技术指导。到了湛江后，我们在雷州、徐闻设了两个示范基地，免费提供优质种苗，回收叶片用于加工，带动周边农户开始种植。"广东香兰谷农业发展有限公司已在徐闻和安镇种植斑兰叶500亩。

斑兰叶立体生态种植

此后，斑兰叶在湛江的
"定居"之路正式拉开帷幕
胶园里的闲置土地
摇身变为"绿色的海洋"

02 示范种植促进增收

从种植条件来看

斑兰叶耐高温，对低温敏感

气温长期低于10℃时

生长会受影响

雷州半岛气候宜人

冬无严寒、雨水充足

适宜斑兰叶生长

在湛江市科技局等部门的支持下，湛江实验站组建起斑兰叶全产业链技术团队，承担省级项目，建立斑兰叶种苗繁育基地、种植试验基地和加工中试基地，并成立了"湛江市中热科技成果转移转化中心"，开展成果推介、技术转移等服务活动。

斑兰叶对环境适应能力强，种植、采收等生产环节操作简单。"斑兰叶的经济寿命是15年，具有一次种植、多年受益的优点，也就是说1次种植，可以连续采收15年，在湛江每年可以收成5~6次。"欧阳欢笑称，这是一种真正的"懒人农作物"。

科技人员观察斑兰叶长势

每年清明前后，万物复苏、气温回暖、雨水丰沛，正是种植斑兰叶的好时机。湛江实验站助理研究员徐志军介绍："早期种下小苗后，我们主要关注草害问题，随着苗逐渐长大，还能有效清除林下杂草，从而降低人工管理成本。"

由于湛江气温、降雨特征等和海南有差异，引入湛江后，斑兰叶管理措施、采收标准也随之变化。

斑兰叶采摘部分为叶子，其叶片细长呈剑形，光亮油绿，通常来说，叶子长度达到45

厘米便可以进行采摘。在湛江,斑兰叶种下至首次收割一般需要7~8个月,可实现当年种植当年收获。

目前,湛江斑兰叶种植面积600多亩,处于示范阶段。根据测算,一株斑兰叶每年可以收2千克叶子,收购价约6元/千克,橡胶树下间种斑兰叶,平均每亩地每年可增收6 000元。

斑兰叶示范种植

03　精深加工拓展价值

在湛江实验站一楼产品展示厅

斑兰叶可可、斑兰叶拿铁

斑兰叶茶等产品一应俱全

斑兰叶加工过程中

不需要添加其他色素

安全健康

产品除了食品、饮料

还可应用于化妆品、护肤品领域

开发前景广阔

这几年,湛江实验站联合海南热作高科技研究院有限公司开展斑兰叶绿色健康系列产品加工工艺和质量控制研究,与企业合作利用现代食品加工技术研发斑兰叶粉、斑兰叶浆等产品,提升斑兰叶加工产业附加值。

迎风而立的斑兰叶,正在谱写属于湛江的"斑斓"未来。

橡胶林下间作斑兰叶,可实现橡胶和斑兰叶两个产业互补、资源共享,减少橡胶林下土地的水土流失,增加固碳释氧、涵养水源等生态效应,促进了胶园林下经济可持续性发展,促进乡村振兴。

眼下,该团队制定发布斑兰叶种苗、栽培、产品等农业行业标准1项、地方标准4项,获发明专利4件、软件著作权7件,建立了斑兰叶中试转化平台,形成了新兴农业产业品牌。"橡胶林下间作斑兰叶全产业链技术集成与应用"成果获得2023年第四届中国技术市场协会三农科技服务金桥奖项目二等奖。

斑兰叶产品

尽管已取得一定成果，但湛江斑兰叶产业仍面临着不少困难，其中，最为迫切的需求是尽快制定地方斑兰叶产品标准，加快将其纳入新食品原料目录。

2022年，海南省出台香露兜叶（粉）食品安全地方标准，解决了斑兰叶产品在海南生产和市场推广难题。"我们正在推进制定斑兰叶粉、斑兰叶浆等食品团体标准，也希望广东省立项推动这项工作，推动产业进一步发展。"欧阳欢说。

附录二　现行斑兰叶标准

现行斑兰叶标准一览表

序号	标准类别	标准发布单位	标准号	标准名称	发布日期	实施日期
1	行业标准	农业农村部	NY/T 4264—2023	香露兜种苗	2023-02-17	2023-06-01
2	地方标准	海南省市场监督管理局	DB46/T 577—2022	斑兰叶（香露兜）种苗	2022-10-08	2022-11-15
3	地方标准	海南省市场监督管理局	DB46/T 578—2022	斑兰叶（香露兜）种苗繁育技术规程	2022-10-08	2022-11-15
4	地方标准	海南省市场监督管理局	DB46/T 579—2022	林下间作斑兰叶（香露兜）技术规程	2022-10-08	2022-11-15
5	地方标准	海南省卫生健康委员会	DBS 46/004—2022	香露兜叶（粉）	2022-11-16	2023-05-16
6	团体标准	广东省卫生经济学会	T/GDWJ 015—2023	食用斑兰叶（粉）	2023-02-10	2023-03-01
7	团体标准	广东省种子协会	T/GDSMM 0049—2023	斑兰叶种苗组织培养技术规程	2023-12-15	2023-12-20
8	团体标准	广东省种子协会	T/GDSMM 0035—2023	斑兰叶种植技术规程	2023-12-15	2023-12-20
9	团体标准	海南省标准化协会	T/HNBX 201—2023	农产品全产业链生产规范　斑兰叶（香露兜）	2023-12-28	2024-01-01
10	团体标准	海南省标准化协会	T/HNBX 202—2023	冻干斑兰叶（香露兜）粉	2023-12-28	2024-01-01
11	团体标准	海南省标准化协会	T/HNBX 203—2023	速冻斑兰叶（香露兜）浆	2023-12-28	2024-01-01
12	团体标准	海南省食品安全协会	T/HIFSA 0004—2024	斑兰叶粉	2024-06-14	2024-06-21
13	团体标准	海南省食品安全协会	T/HIFSA 0005—2024	速冻斑兰叶汁	2024-06-14	2024-06-21
14	团体标准	海南省食品安全协会	T/HIFSA 0006—2024	斑兰叶（浆、汁、粉）中角鲨烯的测定	2024-06-18	2024-06-25

附录二 现行槟榔叶片标准

（续表）

序号	标准类别	标准发布单位	标准号	标准名称	发布日期	实施日期
15	团体标准	海南省标准化协会	T/HNBX 216—2024	槟榔叶（香蕉园）水肥一体化技术规程	2024-09-10	2024-10-10
16	团体标准	海南省标准化协会	T/HNBX 217—2024	槟榔叶（香蕉园）主要病虫害防治技术规程	2024-09-10	2024-10-10
17	团体标准	海南省标准化协会	T/HNBX 218—2024	槟榔叶（香蕉园）采收技术规程	2024-09-10	2024-10-10
18	团体标准	海南省标准化协会	T/HNBX 219—2024	槟榔叶（香蕉园）嫩叶	2024-09-10	2024-10-10
19	团体标准	海南省标准化协会	T/HNBX 220—2024	槟榔叶（香蕉园）嫩叶包装、贮存和运输技术规程	2024-09-10	2024-10-10
20	团体标准	海南国际商事调解中心	T/HIBT 16—2024	万宁槟榔叶（香蕉园）	2024-10-10	2024-11-01
21	新闻报料	国家药品监督管理局	国家药监局 号 2023 0028	香蕉槟榔叶植取物	2023-04-07	2023-07-25